재즈민의 예뻐지는 **중년 뷰티 스토리**

# 내 인생 가장 아름다운 순간

재즈민의 예뻐지는 **중년 뷰티 스토리**

# 내 인생 가장 아름다운 순간

**초판 1쇄** 2022년 7월 1일

**지은이** 김수현
**발행인** 김재홍
**마케팅** 이연실
**편집인** 김도윤
**디자인** 박효은

**발행처** 도서출판지식공감
**등록번호** 제2019-000164호
**주소** 서울특별시 영등포구 경인로82길 3-4 센터플러스 1117호{문래동1가}
**전화** 02-3141-2700
**팩스** 02-322-3089
**홈페이지** www.bookdaum.com
**이메일** bookon@daum.net

**가격** 20,000원
**ISBN** 979-11-5622-701-4 13590

| 프롤로그 |

# "제2의 날갯짓" 나의 꿈, 나의 드프랑!

첫 이야기,

저의 첫 이야기는 저와 여러분의 연을 이어준 '드프랑'의 비하인드 스토리로 시작해 보려 해요.

드프랑은 프렌치 무드의 우먼 라이프스타일을 추구하는 중년 주부들을 위한 뷰티와 패션을 아우르는 스토리 채널이에요. 올해로 2년째 플친들과 함께 성장해 온 '중년 아줌마들만을 위한 소통 공간'이자 저의 전부를 걸고 시작한 핑크빛 '꿈의 공간'이기도 합니다.

그동안 제 삶에는 많은 변화가 있었어요. 드프랑을 시작하기 전 5년 동안 저는 유아 영어 교육사업의 실패로 한없이 어두운 터널에 갇혀 지냈습니다. 과연 '이 고통은 끝이 있을까…' 싶었던 매일의 연속이었죠.

유아교육사업이 탄탄대로를 걸을 때까지만 해도 저는 무엇이 소중한지 무엇이 행복인지 모르고 살았어요. 부족함 없이 사는 삶이 너무나 당연했고 모든 성과가 노력한 만큼의 결과라 당연히 여기며 지냈던 것 같아요. 미래에 닥쳐올 시련은 상상조차 해 본 적이 없었죠.

그러다 어느 날 갑자기 찾아온 폭(풍)우는 제 삶을 송두리째 흔들었습니다. 사업에 실패한 여파는 제가 예상한 것보다 엄청난 것이었어요. 부도의 대가로 몇십억이라는 빚이 생겨났고, 가족들은 뿔뿔이 흩어졌습니다. 하루아침에 무일푼 인생이 됐어요. 두 아이들과 흔하게 즐기던 외식조차도 사치인 혹독한 순간이 찾아왔습니다.

'아주 작더라도 바닥부터 다시 시작해 보자.'
'애이불비(哀而不悲 슬퍼도 슬프지 아니하다)'

'잃은 것이 있으면 분명 얻는 것도 있지 않을까?'라는 생각으로 다시 용기를 내서 시작한 것이 드프랑이었어요.

의류 판매부터 시작한 드프랑은 정식 운영을 시작한 지 3개월도 안 돼 높은 성공을 기록했어요. 워낙 적은 금액으로 시작했지만 매달 20%씩 매출이 성장한 덕분에 제법 빨리 자리를 잡을 수 있게 됐어요.

이런 상황이 좀 얼떨떨했지만 정말 감사했습니다. 매일 3~4시간씩 쪽잠을 자며 혼신에 노력을 멈추지 않았어요. 매달 꾸준히 성장하는 드프랑을 보며 주변에서도 신기하고 기적 같은 일이라며 모두 놀라워했어요.

저의 핑크빛 공간은 아주 작아도 무럭무럭 성장하는 새싹처럼 자라났습니다. 그런 드프랑이 제게는 가뭄에 단비 같은 존재였어요. 사업 실패로 좌절감에 빠져 있던 저의 인생에 작은 촛불이 켜진 것 같았습니다.

현재 드프랑은 어엿한 회사가 되었어요. 현재는 5명의 식구들과 함께하며 꿈을 키우고 있습니다. 밤마다 저희 제품들 픽업해서 가져다주시는 물류담당부터 고객상담, 배송담당, 모두 소중한 드프랑의 식구들이에요. 그리고 제품 테스팅과 선정, 촬영은 늘 제 몫으로 자리를 지키고 있습니다.

아직도 많이 부족하지만 저 혼자 시작해 여기까지 온 것 자체가 제겐 감동이에요. 비록 작은 회사지만 하나하나 제 손이 닿지 않은 곳이 없어서 더 소중하게 가슴에 와 닿습니다.

'주춧돌부터 직접 쌓아 집을 짓는 사람의 행복이 이런 건가?'라는 생각도 들어요. 그리고 지난날에는 몰랐던 삶의 소중함과 소소한 일상에서 비롯하는 행복을 깨달아 가고 있습니다.

행복은 대단한 성공이 아니라 평범한 일상에 숨어 있다는 것을 예전에는 몰랐어요. 만일 지난날의 뼈아픈 실패를 경험하지 못했다면 지금도 이런 소중한 보람은 못 느끼고 살고 있겠죠?

큰 실패를 딛고 일어나기까지 지금 이 모든 일들은 아마 저 혼자였다면 절대 불가능한 일이었을 거예요. 생각하면 여러모로 감사한 일투성이지만 무엇보다도 드프랑의 공간을 매일 찾아주시고 어려울 때마다 함께 해 주시던 소중한 분들의 응원과 성원이 있었기에 힘을 냈어요. 그래서 제가 받은 정(情)에 보답해 드리기 위해서라도 저는 더 열심히 보답하며 살아보려 합니다.

그 첫 시작은 저의 뷰티 다이어리가 될 것 같아요. 저의 삶과 인생, 아름다움에 대한 나름의 철학으로 소통하며 여러분 곁에 조금 더 가까이 다가가고 싶어요. 지켜봐 주세요!

그 첫 번째 이야기를 전하며 오늘도 저는 중년의 핑크빛 꿈을 안고 약진합니다. 드프랑의 수장! 재즈민의 뷰티 다이어리! 앞으로도 많이 기대해 주세요!

# CONTENTS

The beauty story
of JAZMIN

## 04 내면까지 뷰티풀



## 05 루틴과 조합



## Epilogue

The beauty story
of JAZMIN

#01

# 관리하는 여자

# 여자의 중년, 아름다움을 '리모델링' 할 때

"오래된 옷은 리폼하면 새 옷이 되고, 낡은 집은 리모델링하면
새집이 됩니다. 삶에 쫓겨 잊고 있던 여자의 시간도
이제 다시 만들면 새로운 나로 거듭날 수 있어요!"

20대 저의 꿈은 '성공한 사업가'였습니다. 어려서부터 발레를 비롯해 미술, 운동을 골고루 배우며 예고, 예대 진학을 목표로 학창시절을 보냈어요. 부모님의 뜻대로 예술대학교에 입학했지만, 학업보다는 학교 밖에 하고 싶은 일이 더 많은 20대를 보낸 것 같아요.

방과 후에는 영어 과외로 용돈을 벌고 그 돈으로 쇼핑몰을 운영했어요. 공부는 소질이 없었지만 영어만큼은 좋아했고 잘했던 것 같아요. 제법 잘 가르치는 선생님으로 입소문이 났고 그렇게 모은 돈으로 온라인에서 옷을 파는 쇼핑몰 사업을 시작했습니다.

패션, 의류 사업에 오래 종사해 온 외가의 영향을 받은 탓일까요? 저의 안목으로 고르고 제작한 옷들이 제법 좋은 반응을 얻으며, 쇼핑몰도 제법 순탄하게 성장세를 유지했죠. 늘 잠이 부족하고 쉴 새 없이 바빴지만 '40대 성공한 사업가'를 꿈꾸며 힘든 줄 모르고 일하며 20대를 다 보낸 것 같아요.

그러다 20대 후반에 결혼을 했고 두 아이의 엄마가 됐어요. 가정적인 남편

과 헌신적인 친정엄마가 계셔서 출산과 육아가 많이 힘들지는 않았어요. 오히려 내 아이들에게 안락한 환경에서 좋은 교육을 받게 해 주고 싶은 욕심이 조바심을 내게 했던 것 같아요.

그런 엄마의 마음으로 교육사업에 나섰다가 한 차례 큰 실패를 겪었어요. 순탄하기만 했던 삶이 한 번에 무너지는 경험은 제 삶에 전환점이 되었어요. 물질적 성공보다 마음의 여유가 더 중요하다는 것과 막연한 꿈을 좇느라 알지 못했던 현재의 소소한 행복을 알게 됐어요.

이렇게 삶에 균형이 생기고 보니 어느덧 마흔의 중반을 향하고 있는 저 자신을 발견했습니다. 뜨겁게 20~30대를 보내고 마주한 40대의 저는 여전히 '여자 김수현'이었습니다.

막상 마흔이 지나고 보니 '관리'의 중요성을 새삼 절실히 느끼게 됩니다. 젊고 건강한 20~30대에는 메이크업이나 스타일링이 관리의 전부였어요. 하지만 중년 이후의 관리는 '본질적인 몸의 건강', '본연의 피부 젊음'을 지키는 노력을 뜻하더라고요.

40대 이후 눈에 띄게 떨어진 피부 탄력이라든지 서서히 처지는 입꼬리를 보면서 더는 관리를 미뤄서는 안 되겠다고 결심했죠. 그렇게 홈케어를 결심했고 이때부터 중년 이후를 위한 '일상 리모델링'을 시작했습니다.

아로셀의 시그니처 아이템인 바이오 화장품으로 홈케어를 하면서 단기간에 피부가 좋아졌다는 말을 자주 듣게 됐어요. 40대에 뒤늦게 시작한 관리지만 주변에서 먼저 알아봐 주시니 기분이 좋더라고요.

탄력과 주름 케어를 목적으로 시작한 홈케어에 더 깊이 빠졌고, 이젠 내면의 건강을 위해 이너뷰티와 바디케어, 헬스케어까지 관심을 갖고 관리 중이에요. 매일 조금씩 얼굴에 생기가 돌고 아침이 상쾌해지는 것을 몸소 경험하고 보니 나이는 숫자에 불과하다는 자신감도 생깁니다.

어렸을 때는 노력하지 않아도 젊고 건강했지만, 중년 이후부터는 관리가 곧 현재의 젊음이고 오늘의 활력이 되는 것 같아요. 그리고 이런 일상을 통해 중년의 아름다움이 무엇인지 알아가는 중입니다.

배움에 끝이 없는 것처럼 여자의 관리도 늦은 때란 없습니다. 특히 중년의 여자는 관리하는 만큼 아름다워지고 노력하는 만큼 변화하는 '살아있는 작품'인 것 같아요. 나 자신이 작가라는 마음으로 매일 조금씩 '나'라는 작품을 만들어 보는 것은 어떨까요?

저는 집에서 직접 관리하는 뷰티케어인 '홈케어'로 중년의 즐거움을 찾아가는 중입니다. 칙칙했던 안색이 환해지고 메마른 피부에 촉촉한 광채가 생기는 것을 보며 '제2의 리즈'를 꿈꾸기도 해요.

서류 나이는 속일 수 없지만 피부 나이는 감쪽같이 속일 수 있잖아요. 어느덧 중년이라 젊은 날의 풋풋한 싱그러움은 덜하겠죠. 하지만 인생의 깊이가 느껴지는 성숙함을 지닌 멋진 여자로 거듭날 생각을 하며 매일 설레는 마음으로 홈케어를 합니다.

이 즐겁고 설레는 홈케어 일상을 저와 함께 시작해 보실래요?

# 중년만을 위한 혼자만의 힐링과 재충전의 시간 '홈케어'

"누가 보아주지 않아도 꽃은 피어나고, 중년에 핀 꽃이 더 아름답습니다"
"인적 끊긴 산에서도 늦게 성장한 초목이 더 울창한 숲을 이룹니다"

혼자만의 시간이 생기면 무얼 하시나요? 저는 홈케어와 친해지는 중입니다. 거울 앞에서 세안을 마친 수수한 민낯을 가볍게 닦아내고, 촘촘히 채우고, 살살 다독이며 저 자신과 만나는 시간을 갖고 있어요.

결혼 후 일하고 살림하고, 육아로 눈코 뜰 새 없던 시절에는 혼자만의 시간이 참 간절했었어요. '하루 30분이라도 온전히 혼자만의 시간을 갖고 싶다' 생각했던 것이 엊그제 같은데, 요즘은 혼자만의 시간이 주어지면 뭘 해야 할지 고민하는 중년 아줌마의 일상을 살고 있네요.

아이들이 어릴 때는 그토록 간절했던 '혼자만의 시간'이 이젠 낯설고 어색합니다. 부모 노릇을 하느라, 사는 것만 쫓느라 나 자신을 위해 쉬는 법을 잊어버린 건 아닌가 싶기도 해요.

어쩌다 가족들이 다 외출하고 집안이 텅 비는 날이면, 홀가분한 기분과 함께 살짝 쓸쓸한 기분도 들더라고요. 예전 같았으면 육아 휴일이라며 늘어지게 낮잠도 자고 밀린 드라마도 보며 시간 가는 줄 몰랐을 텐데 참 이상한 일이죠?

지금도 저는 새벽 5시면 일어나 하루를 시작하고 저녁 8시 즈음 퇴근해서 귀가하는 규칙적인 일상을 습관처럼 반복하고 지냅니다. 퇴근 후에는 아이들과 잠깐 시간을 보내고, 조용한 밤에는 밀린 업무를 마무리하고 자정이 지나서야 잠이 들어요.

대부분의 시간을 일하며 보내는, 매일 비슷한 일상의 반복 같지만, 중년에 저의 삶은 조금씩 계속 변하고 있던 것 같아요. 아이들이 커 갈수록 제 자리가 작아지는 것을 느끼게 되고, 일밖에 몰랐던 삶이 가끔은 무력하게 와 닿는 날이 있어요.

이런 삶의 변화는 거스를 수 없는 인생의 순리라는 것을 중년이 되어서야 어렴풋이 이해하게 됐어요. 지나간 청춘을 아쉬워하며 오늘을 사느니보다, 당장 시작할 수 있는 나만의 힐링케어를 찾아야겠다고 다짐했어요.

중년 이후의 삶은 유연한 대처가 꼭 필요한 것 같아요. 가끔씩 울적한 기분이 들 때는 무엇이든 나를 위한 셀프 행복 만들기를 합니다. 쇼핑, 커피 마시며 수다 떨기, 공원 산책, 맛있는 식사 등 방법은 참 다양해요. 그 중 넘버원은 나 자신을 위한 홈케어입니다. 홈케어가 저에게는 최고의 힐링 케어입니다.

거울 앞에 앉아 '나를 돌보는 시간'을 가지는 거예요. 오직 나와 단둘이 마주 앉아서 오롯이 나에게 집중하며 '나를 사랑하기'를 몸소 실천할 수 있죠. 나를 아끼고 사랑해 주길 바라면서, 정작 나조차도 나를 챙기지 않았더라고요.

가족들이 모두 잠든 늦은 밤 또는 이른 새벽은 조용한 나만의 휴식을 갖기 좋은 시간대입니다. 욕실에서 가볍게 세안을 마치고 곰돌이 패드로 마무리 클렌징을 마무리해요.

그리고 화장대로 돌아와 앰플과 크림을 바른 후 그 위에 미백스틱이나 보습스틱으로 집중관리를 하거나 마스크팩을 얹어 놓고 가만히 앉아 명상을 하기도 합니다.

넉넉하게 30~40분 정도면 충분한 관리지만 매일 반복한 효과는 대단합니다. 우선 강산이 변하는 세월을 버티며 거칠어진 피부가 눈에 띄게 건강하고 윤택해졌어요. 매일 꾸준한 습관인 얼마나 중요한지 느낄 수 있었어요.

뿐만 아니라 제 마음에 여유를 되찾게 됐어요. 홈케어를 하면서 피부뿐만 아니라 제 마음까지 어루만지게 되더라고요. 아침에 거울을 보며 긍정적인 생각들로 아침을 시작하게 되고, 긴 하루를 보내고 난 뒤 가슴에 남은 무거운 짐을 내려놓을 수 있게 됐죠.

"세상을 뒤집을 태풍의 바람은 한 마리 나비의 날갯짓에서 시작되고,
무기력한 중년 이후의 삶을 바꿀 특별한 변화는
사소한 일상의 케어에서 비롯합니다."

갈수록 책임은 무거워지고 외로움은 커져 가는 것이 중년 이후의 한국 아줌마들의 삶인가요?

나이를 먹어 갈수록 삶은 변할 것이 없는 안정기에 접어드는데, 사랑과 관심에 목이 마른 마음은 반비례로 점점 더 커져가요. 누군가의 아내이자 엄마보다 아직 아름다운 여자로 "잘 관리하고 있다."라는 말 한마디가 더 간절할 때도 있어요.

그래서 이젠 스스로 나의 삶을 응원하고 격려해 보려고 해요. 나조차 무관심한 나를 누가 사랑해 줄 수 있겠어요. 나부터 나 자신에게 따뜻한 말 한마디, 다정한 미소를 건네고, 매일 잠깐이지만 진심이 담긴 홈케어를 하며 휴식과 재충전의 시간도 가져 봅니다.

길고 긴 하루를 보내고 집으로 돌아가는 길, 해 질 녘 석양이 주는 휴식을 떠올려 보세요. 그 잔잔하고 고요한 위로를 재즈민과 함께하는 뷰티 라이프로 같이 만들어 보실래요?

# 엄마의 홈케어, 예쁘고 따뜻했던 유년의 추억

"중년은 즐거웠던 추억을 다시 한번 꿈꾸며 살고,
노년은 젊은 날 행복했던 기억을 추억하며 산다고 해요."

제 기억 속 엄마는 항상 수수한 모습으로 지내셨던 것 같아요. 유명 디자이너셨던 외삼촌을 도와 의류사업을 하시면서도 늘 저를 곁에 두고 챙겨 주셨죠. 일도, 육아도, 내조도 빈틈이 없으셨던 분이라 항상 부지런하셨어요.

의상 디자인부터 제작, 매장 운영 전반을 두루 담당하는 '디자이너 겸 사업가'이셨지만, 아내이자 엄마로서 조금도 소홀함이 없었죠. 딸인 제 옷은 직접 만들어 입히실 정도로 일보다 자식이 먼저인 분이셨어요. 정말 제가 입고, 먹고, 배우는 모든 것은 항상 최고만 고집하는 '열혈엄마'이셨습니다.

때문인지 자신을 꾸미고 가꾸는 데는 조금 무심한 분이셨습니다. 옷은 항상 단정하고 세련되게 입으셨지만, 화장은 거의 안 하셨던 것 같아요.

화장한 엄마의 얼굴을 처음 본 건 학교에 다니고 난 후에요. 학부모 모임에 참석하신 엄마는 제가 알던 수수한 주부가 아니었어요. 머리부터 발끝까지 눈부시게 아름다운 '어른 여자'였죠.

첫눈에 엄마를 알아보지 못할 정도라 어린 마음에 큰 충격을 받았던 것 같아요. 엄마의 화장대에 관심이 생긴 것도 그때 즈음이었던 것 같아요. 엄마 립스틱을 바르고, 파우더를 찍어 바르면 저도 왠지 예뻐진 것 같아서 기분이 좋았어요.

사실 어릴 때 저는 작고 왜소한 체격에 소심한 아이였어요. 낯선 환경에 적응이 느린 편이고 겁이 많았죠. 그래서 늘 엄마 손을 붙잡고 다니던 '엄마바라기'였어요. 아무리 겁이 나고 무서워도 엄마 치마 뒤에 숨으며 왠지 안심되고 용기도 났던 것 같아요.

이렇게 제 기억 속 엄마는 아빠와 저에게는 한없이 다정한 '아내이자 엄마'였고, 일할 때는 항상 당당하고 멋진 '커리어우먼'으로 변신하는 슈퍼 히어로였습니다.

세월이 흘러 돌아보니, 어쩌면 엄마는 강인했던 게 아니라 강인한 체하셨던 게 아닐까 싶기도 해요. 제가 엄마가 되어 보니, 아무리 힘들어도 아이들 앞에서는 약한 모습을 보여주고 싶지 않은 게 부모더라고요.

저희 엄마가 원래 강한 사람이 아니라 엄마의 남다른 모성애가 저희 엄마를 강인하게 만들었던 것 같아요. 그 덕분에 저의 유년기에는 엄마와 함께한 행복한 추억이 참 많습니다. 매일 일하느라 아이들과 많은 시간을 갖지 못하는 제가 반성하는 대목인데요.

어릴 때 저는 대부분의 시간을 엄마가 운영하시는 의류매장에서 보냈어요. 판매부터 디자인까지 팔방미인이셨던 엄마 덕분에 옷감을 만지며 놀고, 엄마의 디자인을 보며 세련된 스타일링에 대해 배우며 놀았죠.

내 인생 가장 아름다운 순간
The beauty story of JAZMIN

집에서는 엄마표 특제 천연팩을 만들어서 피부 관리를 하거나 천연 수제 비누를 만들면서 즐거운 시간을 보냈어요. 돌이켜 생각해보면 저희 엄마는 일찌감치 '홈케어'를 실천하시던 '진정한 관리녀'였던 것 같아요.

저희 엄마는 비누 하나도 직접 고른 천연 원료로 직접 만들어 사용하셨는데요. 엄마표 수제비누는 주변에 선물할 정도로 인기가 많았어요. 그뿐만이 아니에요.

일주일에 한 번은 직접 천연팩을 만들어 피부 관리를 하셨던 기억이 생생해요. 오이를 갈아서 만든 수분팩, 감자를 갈아 만든 화이트닝팩, 꿀과 크림을 섞어 만든 영양팩까지 셀 수도 없이 다양한 재료로 천연팩을 만들었어요.

가만히 누워 있으면 엄마가 얼굴에 팩을 올려 주셨는데, 그 묵직하고 시원한 감촉이 참 기분 좋았던 것 같아요. 얌전히 누워서 눈을 감고 있으면 "우리 수현이 예뻐지겠네."하는 엄마의 다정한 목소리가 귓가를 울렸죠. 그 순간이 너무 편안해서 스르륵 잠이 들곤 했네요.

"중년 이후 여자에게 이유 없는 아름다움은 존재하지 않아요. 노력하는 만큼 예뻐지고 즐기는 만큼 오래도록 젊음을 유지할 수 있어요."

중학생 시절 우연히 엄마의 옛날 사진을 봤습니다. 화장기 없이 수수한 얼굴의 '수현이 엄마'는 온데간데없고, 하얀 피부에 또렷한 이목구비를 가진 미모의 아가씨가 활짝 웃고 있더라고요.

당시 유행했던 '뽕'을 잔뜩 집어넣은 파마머리에 눈매를 강조한 메이크업, 진한 립스틱까지 꼼꼼히 챙겨 바른 엄마는 말 그대로 '멋쟁이'였어요. 저희 엄마도 20~30대 젊은 시절에는 멋 내길 좋아하는 보통의 여자였더라고요.

미스코리아를 방불케 하는 엄마의 과거(?)를 목격하고 보니 새삼 엄마가 달라 보였습니다. 수수한 엄마의 현재가 '자식을 위해 자신을 포기한 어머니의 희생과 헌신'이라는 것을 알게 됐죠.

그리고 세월이 흘러 70대가 되신 엄마를 보면 매일 죄송스럽고 아쉬운 마음이 듭니다. 타고난 미인이셨던 엄마의 꽃 같은 시간을 조금 더 일찍 알아채고 지켜주지 못한 것 같아서요. 제가 중년이 되고 보니 알겠어요. 여자는 나이를 먹어도 여전히 '여자'라는 사실을 말입니다.

7남매 중 둘째로 태어나셨지만 가장 역할을 하셨던 생활력 강한 여자. 패션 디자이너였던 외삼촌과 함께 남다른 미적 감각을 지닌 미모의 여성이자 가족들을 사랑으로 보살펴 온 아내이자 엄마.

저는 이런 엄마를 여전히 존경하고 사랑합니다. 그리고 엄마에게 물려받은 좋은 피부와 살성, 타고난 미적 감각을 아낌없이 활용하며 멋진 중년, 좋은 엄마로 살기를 소망합니다. 물론 노년을 맞이한 저희 엄마도 함께 말이에요.

이젠 엄마 대신 딸인 제가 선택한 화장품으로 함께 세월을 이겨내는 중입니다. 엄마표 특제 천연팩은 아니지만 비브이비랩의 그래핀 마스크팩과 아로셀의 콜라겐 마스크팩을 함께 하고, 보톡스 앰플과 줄기세포 앰플, 보톡스 크림으로 세월의 흔적을 관리해요.

엄마와 함께하는 홈케어 시간은 저와 엄마가 오붓하게 누리는 휴식과 소통의 시간이에요. 딸도 엄마도 함께 나이 들어가는 만큼 제법 말도 잘 통하죠. 무엇보다 항상 엄마에게 죄송했던 제가 무언가 해 드릴게 있어서 행복해요.

딸과 엄마는 나이를 먹을수록 좋은 친구가 된다고 하죠. 저희 모녀도 그런 것 같아요. 엄마와 딸이면서 동시에 같이 늙어가는 여자로서 공감대가 점점 커지는 것 같아요. 40대 딸과 70대 엄마가 함께하는 '아름다운 뷰티 스토리'도 그 과정 중 하나가 아닐까 해요. 엄마와 저의 아름다운 여정도 많이 응원해 주세요.

# 딸과 함께 예뻐지는 시간, 하루 2번 '버블 클렌징'

"아이들은 어른들의 사랑을 먹고 자라고,
중년의 여자는 사랑하는 아이들로부터 살아갈 힘을 얻습니다"

육아하는 사업가 엄마입니다. 제가 태어나서 제일 잘한 일이 있다면 두 아이들을 낳은 일이 아닐까 싶어요. 두 살 터울인 남매는 제 삶의 동기이자 근원입니다. 저에게는 세상 무엇과도 바꿀 수 없는 보석 같은 존재죠.

말도 없이 일하느라 가족여행 한 번을 못 가는 빵점짜리 엄마에게 불평은커녕 '나는 엄마처럼 되고 싶어! 엄마가 멋있어!'라고 말해 주는 든든한 지원군입니다.

큰딸은 저와 참 많이 닮았어요. 공부보다는 그림 그리기와 동영상 찍기를 좋아하는 아이죠. 멋 부리는 데 관심이 없는 아이지만, 엄마가 하는 네일아트나 팩은 전부 따라 해야 직성이 풀리는 '엄마 따라쟁이'이기도 해요.

둘째 아들은 아빠를 쏙 빼닮았습니다. 내성적이고 조용한 성격에 호기심이 많고 공부를 잘해요. 여자아이처럼 오밀조밀한 이목구비를 가진 예쁘장한 외모지만, 아이언맨과 스파이더맨을 흉내 내며 누나와 노는 걸 제일 좋아하는 장난꾸러기입니다.

자기 할 일은 스스로 하는 의젓한 아이들이에요. 한창 엄마의 보살핌이 필요한 초등학생이지만 자기주도적 학습이 습관이 되어 있어 잔소리할 일이 없어요. 또한 엄마 대신 남매를 돌봐주시는 외할머니 속 한 번 썩인 적 없이 사이가 좋은 남매들이기도 해요.

아이들은 '부모의 거울'이라고 하던데, 엄마보다 더 의젓하게 곁을 지켜주는 아이들을 보면 '어떻게 이런 귀한 아이들이 나에게 와 주었을까?' 놀랍고 감격스러울 때도 있어요. 그리고 항상 같이 있어 주지 못 하는 게 미안하고 아쉽기만 하죠.

출근 전 아침과 퇴근 후 저녁 시간은 유일하게 제가 아이들과 함께 할 수 있는 시간이에요. 이 순간만큼은 아이들 곁에서 최대한 많은 이야기를 나누고 직접 아이들을 케어하려고 해요. 특히 아침, 저녁 양치와 세안은 제가 가장 신경 써서 챙기는 부분입니다. 세 살 버릇이 여든까지 간다고 하잖아요. 어릴 때부터 위생적인 생활습관을 길러주고 싶은 엄마의 마음이 제일 크고요. 관리하는 엄마로서 아이들의 좋은 피부를 지켜주고 싶은 욕심도 있어요.

"기쁨은 함께하면 배가 되고,
행복은 나눌수록 커지는 '놀라운 마법'입니다"

저와 아이들이 함께 세안을 할 때는 아로셀 '머그워트 힙 클렌저'를 사용합니다. 이 클렌저는 펌핑해서 사용하는 '버블 클렌저'예요. 자연에서 얻은 순한 성분으로 만든 순한 세안제지만, 우수한 세정력에 산뜻한 마무리감으로 반전 매력을 선사하는 아이템이기도 해요.

머그워트 힙 클렌저는 자극받은 피부를 편안하게 진정시켜 주는 제품입니다. 피부 진정에 효과적인 사철쑥 추출물과 연꽃에서 얻어낸 특허성분 'Lora Anti-S'가 마스크와 외부환경에 자극받은 피부를 보호해 주거든요.

피부에 닿는 감촉이 부드러운 거품 클렌저라 연약한 아이들 피부에도 안심이고요. 자연 유래 세정 성분과 오일로 만들어 한 번 더 안심! 마스크와 미세먼지 등 외부 환경에 자극을 받아 예민해진 피부를 보호하고 진정시켜 주니까 더 좋은 '힐링 클렌저'라 할 수 있어요.

이 제품은 일반 폼 클렌저처럼 손으로 거품을 내는 과정 없이 '마일드한 버블 클렌징'을 즐길 수 있습니다. 한 번만 펌핑해도 부드러운 거품이 풍성하게 생기는 제품이라, 호기심 많은 아이들이 너무 좋아해요. 손세정제가 익숙한 탓인지, 요즘은 손을 씻을 때도 버블 클렌저를 사용하더라고요.

특히 엄마가 하는 건 뭐든 따라 하고 싶어 하는 딸은 저와 함께 버블 클렌저로 세안하는 시간을 참 좋아해요. 저는 세안을 할 때 버블 클렌저를 1~2번 펌핑한 후, 거품을 이마와 볼, 턱에 조금씩 덜어서 30초 정도 롤링하는데요.

이 모습을 저희 딸 아이가 세안할 때마다 제 흉내를 내더라고요. 활짝 웃으면서 "이렇게 씻으면 나도 엄마처럼 예뻐져?"라고 묻는 아이를 보면 절로 '엄마 미소'가 지어지죠. 이런 걸 두고 '딸 키우는 재미'라고 하나 봐요.

"내 아이에게 아름다운 습관을 물려주기 위해,
더 열심히 씻고 더 부지런히 나의 미모를 관리합니다"

남녀노소 자기관리가 필수인 시대잖아요. 언젠가 어른이 될 아이들에게 지금 제가 해 줄 수 있는 '뷰티케어'란 아주 기초적인 것들에 불과해요. 깨끗하게 세안하는 습관을 길러주고, 피부 보습과 자외선 차단 등 기초케어로 아이들의 좋은 피부가 손상되는 것을 예방해 주는 게 전부죠.

특히 하나뿐인 딸에게는 더 각별히 마음을 쏟는 편이에요. 맨얼굴이 예쁜 아이로 만들어 주고 싶은 개인적인 바람으로 "메이크업은 조금 천천히 시작했으면 좋겠다."라며 은근한 소망을 살짝 내비치는 '꼰대엄마'이기도 해요.(웃음)

아직 10살 꼬마 아가씨지만 언젠가 예쁜 숙녀가 되어 '여자의 행복'을 만끽할 아이를 생각하면 괜히 제 가슴이 설레요. 그리고 훗날 내 딸에게 전해주고 싶은 뷰티 이야기를 미리 머릿속으로 정리해 봅니다.

"은채야. 여자는 가꾸는 만큼, 부지런한 만큼 예뻐진다.
그리고 젊어진다. 하루하루 관리를 소홀히 하지 말아라.
하루만 걸러도 벌써 얼굴의 광채와 빛깔이 다르다.
하루도 게을리하지 마라. 이건 40대에 뒤늦게 시작한 홈케어로 효과를
보고 있는 엄마의 경험이란다."라고 말이죠.

어느덧 40대 중반을 향하고 있는 중년의 여자이자 엄마예요. 저는 사업가로 성공하고 싶은 꿈도, 아름다운 여자로 나이 들고 싶은 욕심도 놓치지 않으려고 두 배 더 열심히 일하고 관리하는 '독한 아줌마'이기도 합니다.

충실히 기초케어를 하며 속광이 생기고 보니, 맨얼굴의 광채가 얼마나 아름다운지 알게 됐어요. 본연의 피부가 맑고 깨끗하면 굳이 베이스메이크업이나 색조화장이 아쉽지 않더라구요.

저는 제가 마흔이 넘어서 알게 된 '진정한 아름다움'을 제 아이가 더 일찍 알게 되길 바랍니다. 내면이 꽉 찬 사람이 외면도 아름답듯이, 민낯마저도 건강한 피부로 기품이 느껴지는 얼굴을 갖고 살라고 이야기해 주고 싶습니다.

이제 저의 홈케어는 세상의 모든 여자들의 '아름다운 피부'를 향합니다. 지금은 40대인 저 자신을 위한 관리이지만, 훗날 제 나이를 살아갈 딸에게 가르쳐 줄 '피부 젊음의 길'이기도 하니까요.

# 중년만의 뷰티, 아줌마의 설렘으로 첨단 바이오 기술을 만나다

"온화한 미소로 자신감을 말하고,
윤택한 피부의 광으로 중년의 아름다움을 전합니다."

아는 만큼 보인다고 합니다. 뷰티케어를 시작하고 화장품을 가까이하면서 참 많은 변화를 경험하고 있습니다. 홈케어 화장품을 다루면서 달라진 것은 비단 피부가 전부는 아닙니다. 일상적으로 먹고 마시는 것들을 대하는 태도부터 하루를 살아가는 일상의 루틴이 180도 달라졌거든요.

우선 아침에 일어나면 피부 건강을 위해 생수를 한 잔 마십니다. 그리고 가볍게 세안을 하고 결정돈을 마친 후 팩 관리와 기초스킨케어를 합니다. 홈케어를 하면서 하루 동안 해야 할 일을 계획하고, 때론 조용히 명상을 하며 마음을 다스리기도 해요.

불과 10~15분 정도 짧은 시간이지만 아침을 맞이하는 기분이 달라지더라고요. 이 가볍고 상쾌한 기분이 좋아서 오전 홈케어는 꼭 챙기려고 노력하고 있어요. 덩달아 평소보다 조금 더 일찍 일어나는 습관도 생겼습니다.

조금만 바지런을 떨면 피부도 마음도 건강해질 수 있다는 것을 알게 됐어요. 아침 컨디션이 올라가고 피부가 좋아지면서 중년의 제 생활에도 활력이 생겼습니다. 긍정적으로 생각하고 즐겁게 일하며 자신감도 생긴 것 같아요.

살림하고 일하고 아이들 챙기기에도 하루가 부족했던 제가 '중년 이후 관리는 필수'라는 말을 하며, 틈틈이 화장품을 바르고 팩을 올리고 잠자리에 들고 있더라고요. 스스로도 놀라운 피부의 변화에 매일이 새롭기만 합니다.

기기 없는 갈바닉 마스크팩 그래핀마스크로 홈케어에 입문해서 바르는 보톡스 화장품으로 기초스킨케어를 시작했어요. 그땐 보톡스나 줄기세포 배양액 등 바이오 화장품의 원료 자체가 신기해서 관심을 갖게 됐지만, 지금은 제 피부 인생에 설렘을 주는 은인처럼 여기고 있어요. 거칠고 칙칙했던 중년 아줌마 피부에 환한 광채와 탄력이 생길 수 있음을 알게 해 줬으니까요.

제 화장대에는 아로셀 슈퍼 파워 앰플과 크림이 넉넉히 준비되어 있습니다. 매일 아침, 저녁 바르는 기초 제품인 만큼 항상 여분을 챙겨 놓고 사용하고 있어요.

당초 보톡스와 줄기세포 배양액 화장품의 파워풀한 효과에 감동을 받아서 홈케어를 시작했던 탓일까요? 지금도 바이오 화장품에 대한 남다른 믿음과 애착과 설렘이 있어요. (웃음)

그중 줄기세포 배양액을 함유한 화장품은 매일 하나라도 꼭 바르는 편이에요. 세수조차 귀찮은 날은 세안 후 곰돌이 닦토로 결 정돈을 한 후 줄기세포 앰플인 '타임앰플'을 바른 뒤 그 위에 '제대혈세포배양액 콜라겐 마스크팩'을 얹어 놓고 잠을 청합니다.

아로셀의 타임앰플과 콜라겐 마스크팩은 줄기세포 중에서도 최상급에 속하는 '인체 제대혈 줄기세포 배양액 리포좀'을 함유한 프리미엄 화장품이에요.

최근 환자들의 치료에도 널리 쓰이는 탯줄 줄기세포라 불리는 것이 바로 제대혈 줄기세포인데요. 생명을 만드는데 필요한 각종 유효성분을 지닌 '제대혈'에서 얻은 줄기세포 성분은 피부의 회복과 재생, 탄력 개선에 도움을 주고 모공, 주름까지 케어해 준다고 해요.

실제로 아로셀의 타임앰플은 일명 '회춘 단백질'이라 불리는 GDF-11을 비롯한 89가지 단백질이 함유되어 있어요. 고농축 앰플은 주성분인 인체 제대혈 줄기세포 배양액 리포좀을 동결건조 기술로 성분파괴 없이 그대로 담아내 더욱 강력한 회춘 효과를 기대할 수 있죠.

피부결 정돈을 마친 후 보톡스 앰플 다음에 발라주면 쫀쫀한 탄력에 시너지 효과를 얻을 수 있고요. 앰플 다음에 아로셀 수분크림이나 슈퍼파워크림을 발라주면 수분, 광채가 눈에 띄게 좋아지는 것을 느낄 수 있어요.

홈케어가 귀찮은 날은 줄기세포 앰플을 얼굴 전체에 넉넉히 발라준 다음 아로셀 콜라겐 마스크팩 정도로 관리를 마무리해 주세요. 30초도 안 걸리는 간단한 관리지만 자고 일어난 다음날 피부 상태는 기대 이상으로 대단합니다.

밤새 자는 동안에 예뻐졌다고 해야 할까요? 밤새 인체 제대혈 줄기세포 배양액과 이탈리아산 콜라겐이 주성분인 마스크팩이 앰플과 함께 흡수되며 피부 컨디션이 몰라보게 좋아져요. 밤새 투명해진 마스크 팩을 벗겨내는 순간 화사한 안색은 기본! 반짝반짝 광이 나는 탄력 피부를 만날 수 있죠.

AROCELL
BOTULCARE EX KIT
alexanderwang

alexanderwang

매끈하고 촉촉한 피부를 비유할 때, 흔히 '깐달걀'에 비유하곤 하는데요. 아로셀 타임앰플과 슈퍼파워크림 그리고 콜라겐 마스크팩 조합이 바로 그 '깐달걀 피부 맛집'이라고 설명하면 좋을 것 같아요. 관리는 간단하지만 효과는 드라마틱하기 때문에 홈케어에 입문하시는 중년 주부님들에게 강력 추천하는 저만의 홈케어 레시피이기도 해요.

하고 싶은 일보다 해야 할 일이 더 많고, 나보다 내 가족이 우선인 게 현실 주부의 삶이라고 했던가요? '결혼하고 출산하고 아이들을 키워 놓고 보니 훌쩍 늙고 나이 들어 버린 내가 거울 앞에 있더라'라며 눈시울을 적시던 배우 김수미 씨의 이야기를 들으며 저도 똑같은 생각을 했던 것 같아요. 그리고 이제부터라도 좋은 시절 나에게 해 주지 못한 관리를 하며 아름다운 중년을 살자 굳게 다짐해요.

본방송을 놓친 드라마는 '다시보기'를 할 수 있고, 지금 보다 만 영화는 '일시정지'가 가능하지만, 우리 인생은 오직 한 번뿐이잖아요! 이왕이면 조금이라도 일찍, 조금이라도 덜 후회하는 오늘을 위해 예쁘게 관리하고 같이 멋지게 나이 들어 가요.

#02

# 피부의 기초

# 하루 딱 10분!
# 물오른 중년 피부로 '청춘'을 말해요

"작은 정원을 보살피는 정성으로 나의 중년을 사랑하며,
그윽한 향기를 전하는 중년의 꽃으로 살길 소망합니다"

여자로 살면서 여자의 마음을 알고 싶은 40대 중년 아줌마입니다. 한 송이 장미처럼 화려한 삶을 꿈꿨던 시절도 있었고, 아무도 알아봐 주지 않는 풀꽃처럼 고독했던 시절도 있었던 것 같아요. 그렇게 인생의 희로애락을 경험하며 내면의 평안을 좇아다니다 보니, 어느새 중년이 되어버렸네요.

저도 모르게 찾아온 중년은 아직 낯설고 어색합니다. 나이는 불혹을 넘었지만 아직도 제 마음은 청춘에 머물러 있는 건지도 모르겠네요. 결혼 직후 출산을 했고, 아이들에게 더 좋은 것들을 해 주고 싶은 엄마의 마음으로 일에 매진했어요. 그렇게 집과 회사를 오가는 반복 속에 30대 젊은 시절을 다 보냈던 것 같아요.

외동딸로 태어나 부족함 없이 자랐고, 안정적인 결혼생활을 하면서도 감사를 몰랐던 저예요. 더 많은 것을 누리고 싶은 욕심이 컸죠. 그러다 한차례 실패를 경험하며 소소한 일상의 행복에 감사하는 법을 알게 됐습니다. 너무 익숙해서 당연한 줄 알았던 모든 것들이 사실은 굉장히 소중하고 값진 행복이었다는 것을 마흔을 넘어서야 깨달은 거죠.

‘엄마도 아내도 아닌 한 여자로서 나는 어떤 사람일까?’ 하는 생각이 든 것은 불과 1~2년 전 일입니다. 비 온 뒤에 땅이 굳는다고 했던가요? 큰일을 경험하고 내면의 안정을 되찾고 보니 비로소 저 자신이 보였던 것 같아요. 칙칙해진 안색으로 처진 입꼬리를 한 제 모습을 보니 정신이 번뜩 들더라고요.

행복하게 살고 싶어서, 최선을 다해 앞만 보고 달려온 것 같은데, 정작 저 자신을 돌보지 못하고 있었던 건 아닐까 하는 후회가 들었습니다. ‘나부터 나를 챙겨 주자’라는 생각으로 저 자신을 위한 홈케어를 시작했습니다.

우선 노화의 흔적이 짙어진 피부 관리가 시급했어요. 친정엄마에게 물려받은 좋은 피부만 믿고 평생 스킨, 로션만 발라온 터라, 어디서부터 관리를 시작해야 할지 몰랐죠. 일단 피부과 시술도 받아보고 입소문 난 화장품도 사서 발라가며 나름대로 노력을 쏟았습니다.

그렇게 무턱대고 관리를 시작한 지 2년째. 지금은 바이오 화장품으로 매일매일 홈케어를 하며 젊고 건강한 피부를 유지하고 있어요. 수년간 여러 가지 시도를 해 본 결과, 좋은 피부는 평생, 꾸준히 관리해야 한다는 사실을 알게 됐거든요. 비싼 시술을 한 번 받는 것보다 좋은 화장품을 매일 바르는 것이 훨씬 효과적이더라고요.

저는 선천적인 건성피부 타입이라 여드름이나 피부 트러블을 모르고 살았어요. 그런데 나이를 먹을수록 건조함이 심해지면서 각질이 쌓이거나 화장이 들뜨기 시작하더라고요. 이런 피부 고민은 바이오화장품으로 홈케어를 하면서 단번에 해결됐습니다. 오히려 이전보다 피부가 좋아졌다는 말을 엄청 들을 정도예요.

특히 마스크팩은 제가 애용하는 홈케어 제품 중 하나예요. 기초 화장품으로 부족할 수 있는 수분과 영양을 손쉽게 보충할 수 있기 때문인데요. 비브이비랩의 그래핀 마스크는 메이크업을 하기 전에 꼭 사용하는 '메이크업 워밍업 아이템'입니다.

일명 '갈바닉 마스크팩'이라고 부르는 그래핀 마스크팩은 노벨상을 받은 신물질 '그래핀'을 마스크 시트에 프린팅한 팩이에요. 열전도율이 뛰어난 그래핀이 인체의 미세전류를 이용해 에센스를 빠르게 흡수시켜 주는 원리로, 10분 관리로 '촉촉하고 맑은 물광피부'를 완성해 주죠.

미세전류가 발생하는 일렉셀 시트에는 고농축 에센스가 넉넉히 담겨 있습니다. 이는 천연 레티놀이라 불리는 셀토좀과 참미역 추출물이 주성분으로, 지친 피부를 회복시켜 줌과 동시에 중년의 주름과 탄력 개선에 도움을 줍니다.

내 인생 가장 아름다운 순간
The beauty story of JAZMIN

저는 주로 아침에 그래핀 마스크팩을 사용해요. 출근 준비를 하며 10분 정도 붙여두면, 물기를 머금은 뽀얀 얼굴을 만날 수 있거든요. 끈적임 없이 촉촉한 에센스의 수분감은 장시간 유지되며, 진한 메이크업도 들뜸 없이 잘 먹는 피부를 만들어 주더라고요. 덕분에 화보 촬영이나 행사가 있는 날 사용하기에 안성맞춤이죠.

한창 젊고 예쁠 때는 화장을 잘해야 예뻐 보였어요. 그런데 중년이 되고 보니, 본연의 피부가 좋아야 화장도 예뻐 보인다는 사실을 확실히 알게 됐습니다. 그래서 홈케어에 더 공을 들이게 되는 것 같아요. 이전만큼 자주 화장을 하고 나를 꾸밀 일은 없지만, 가끔 있는 '변신'을 기대하는 마음 자체가 저에겐 행복하거든요.

하루에도 수십 번 바뀌는 것이 중년 여자의 마음이라고 했던가요? 하지만 우리 중년 주부들에게도 마음속에도 흔들리지 않는 꿈은 항상 존재합니다. 저는 그중 하나가 '아름다움을 향한 욕망'이라고 감히 단언적으로 생각해요.

중년의 '젊음'과 '미모'를 위해, 지금부터 그 욕망을 실천해 보는 것은 어떨까요?

# 중년 피부의 봄날, 핑크빛 톤업 선크림으로 '완벽 생존'

"안과 밖이 조화로운 중년미(美)를 꿈꿉니다."

따뜻한 봄기운이 한창입니다. 회사와 집을 오가는 단조로운 일상을 반복하는 와중에도 싱그러운 봄의 정취에 마음이 설렐 정도예요. 햇빛이 좋은 날은 가까운 공원이라도 걷고 싶어지는 이맘때면 무엇보다 자외선 차단에 더 각별해집니다.

봄은 '촌스럽게 그을리기 좋은 계절'이에요. 겨울에 비해 일조량이 많아지고 자외선 지수가 높아지는 반면, 야외활동이 늘기 때문에 자칫 방심하면 까맣게 그을리기 쉽죠. 이맘때면 한나절만 봄바람을 쐬고 돌아와도 피부가 건조하고 화끈거리며, 심한 경우 얼룩덜룩 밉게 그을린 피부를 확인할 수 있어요.

특히 피부가 예민하고 연약한 아이들이나 여성분들은 봄철 자외선 차단제 사용이 필수라 할 수 있습니다. 자외선 차단제는 자외선 차단지수를 확인한 후, 수시로 발라 줘야 하는데요. 야외활동 중에는 외출 30분 전부터 자외선 차단제를 발라 주면 더욱 좋다고 해요.

일할 때는 거의 대부분 맨얼굴로 지내는 저도 선크림만큼은 1년 내내 꼬박꼬박 바릅니다. 외부 활동이 많지는 않지만 일상 중 햇빛에 의한 피부 손상과 함께 실내의 전자기기와 전열기기에 의한 열 노화를 예방하기 위함이에요. 때문에 선크림 역시 '자외선과 적외선'을 동시에 차단해 주는 제품을 엄선해 사용하고 있습니다.

제가 벚꽃 톤업 선크림이라고 부르는 '톤업 퍼펙트 선크림'은 피부의 '건강'과 '미용' 두 가지 효과를 지닌 나이스한 뷰티케어 화장품이예요. 햇빛에 의한 피부 손상을 막아주는 '선크림'의 기능과 동시에 피부톤을 밝고 화사하게 가꿔주는 '톤업' 기능을 더하고 있죠.

파스텔 핑크빛 톤업 선크림은 텍스처가 부드러운 제품입니다. 밀키한 크림 제형이라 발림성이 우수하고 밀착력이 뛰어나요. 때문인지 장시간 야외활동 중에도 무너짐 없이 화사한 '벚꽃피부'가 유지되는 것을 확인할 수 있습니다.

또한 마스크에 묻어남 없이 보송보송한 사용감만 남기 때문에 무겁고 답답한 제품을 꺼리시는 분들께 추천하고 싶은 선크림이기도 합니다.

가벼운 외출을 할 때는 벚꽃 톤업 선크림 하나만 바르고 있어요. 피부색을 균일하게 잡아주는 톤업 효과가 뛰어나서 꾸민 듯 안 꾸민 듯 '예쁜 민낯 느낌'을 표현하기 좋아요.

천연 유래 성분으로 만든 100% 무기자차 선크림인 만큼 백탁현상이나 눈시림이 없고요. 우선 피부에 순하다는 것이 최장점입니다. 화학적 성분을 담은 유기자차 선크림과 달리 피부 표면에서 열을 반사시키기 때문에 빛과 열에 의한 피부 손상까지 동시에 예방할 수 있어요.

특히 저처럼 핸드폰, 컴퓨터, 텔레비전 등의 가전기기와 주방 전열기구 앞에서 보내는 시간이 많은 분들은 자외선 차단만큼 '적외선 차단'에도 신경을 써 주셔야 해요. 적외선에 장시간 노출되면 피부의 온도가 올라가면서 '열에 의한 피부 노화'를 유발할 수 있거든요.

아로셀의 퍼펙트 톤업 선크림은 국내 최초로 '적외선 차단' 임상시험을 통과한 선크림입니다. 글로벌 화장품 임상시험 기관인 IEC KOREA에서 수행한 인체 적용 시험에서 적외선 차단시험인증(IPF 16.22)을 통과했다고 해요.

IEC는 프랑스 본사를 중심으로 일본, 싱가포르, 일본, 한국, 중국, 불가리아, 사우스아프리카에 지사를 둔 세계 최고 수준의 글로벌 화장품 임상시험 기관입니다. 국내에서는 로레●, 시세이●, 아모레●●● 등 유명 브랜드들이 시험의뢰를 맡기고 있는 검증된 기관이죠.

새벽같이 일어나서 저녁까지 일과 씨름하느라 햇빛 볼 일이 별로 없는 저예요. 아로셀을 만나기 전까지는 선크림의 필요성을 못 느끼고 살았던 것 같아요. 하지만 실내에서도 적외선에 의한 열 노화가 진행된다는 사실을 알고부터는 선크림을 기초제품처럼 사용합니다.

저뿐만 아니라, 친정엄마와 아이들도 외출할 때는 꼭 벚꽃 톤업 선크림을 사용하라고 조언하고 있어요. 자연 유래 성분 베이스의 EWG 그린 등급 제품이라 아이들 피부에 발라도 순하게 잘 맞더라고요. 특히 초등학생인 딸 아이는 엄마와 함께 쓰는 화장품이라며 톤업 선크림을 참 좋아해요.

기초스킨케어 화장품이 피부의 본연의 자생력을 높여 주는 '영양제'라면, 자외선 차단제는 외부 자극에 의한 피부 손상을 막아주는 '방어막'인 것 같아요. 피부는 본연의 건강도 중요하지만, 외적 환경도 무시할 수 없잖아요.

피부가 좋아지려면 '안과 밖'을 동시에 관리해야 한다는 말인데요. 그 중 자외선 차단제는 1년 내내 발라야 하는 기초 후 관리의 '기초'가 아닐까 해요. 우리 아이들의 잡티 없이 맑은 피부부터 40대인 제 피부의 굴욕 없는 젊음까지…, 저는 벚꽃 톤업 선크림으로 화사하게 예쁜 피부 방패를 만들어 쓰고 있습니다.

설레는 봄! 우리 피부의 봄날을 위해 선크림은 잊지 말고 발라 주세요. 지나간 봄은 내년에 다시 오지만, 올봄 생긴 잡티와 주름은 평생 사라지지 않거든요. 중년의 문턱에서 홈케어로 행복을 찾는 '아주미'는 이만 물러갑니다.

# 명품(名品) 피부!
# 40대 동안 케어 1원칙 '철저한 클렌징'

"있는 그대로 편안함을 주는 '자연스러운 아름다움'을 사랑해요."

웃음이 많은 40대 주부입니다. 정이 많고 소탈한 성격이라 사람들과 어울려 일하는 시간이 늘 설레고 즐거워요. 힘들면 힘든 대로, 좋을 땐 좋은 대로 매 순간에 감사하며 하루하루를 소중히 대하고 있네요.

뜻대로 되지 않는 게 인생이라고 하잖아요. 살다 보면 때론 힘든 일도 생기고 속상한 순간도 생기더라구요. 하지만 이 모든 게 결국 제 삶의 일부라고 생각하니 마음이 편해졌어요. 중년의 뷰티 라이프를 연구하는 현재의 행복에 감사하며 자주 웃게 됐고, 항상 꿈을 꾸며 더 열심히 살게 되더라고요.

오히려 힘들수록 더 많이 웃으며 좋은 생각을 해요. "웃으면 복이 온다."라고 하잖아요. 제가 밝고 활기차게 지낼수록, 저를 믿고 응원해 주시는 분들이 생기더라고요. 덩달아 일도 술술 잘 풀리기 시작했어요.

웃을 수 있는 '여유'는 생기는 게 아니라 스스로 노력해서 만들어야 한단 걸 불혹이 돼서 알았어요. 주변을 돌아볼 여유가 생기고 보니 작은 일에도 크게 감동하고 항상 행복한 꿈을 꿀 수 있게 됐어요.

그래도 너무 힘들고 지치는 날은 '성공한 나의 모습'을 떠올려 봅니다. 살면서 책임져야 할 것들과 살고 싶은 삶을 구체적으로 구상해요. 그리고 성공한 사업가들을 검색해 보며 '아름다운 중년을 향한 저의 꿈'을 확고히 합니다.

돈보다 꿈을 우선하게 됐어요. 중년이 되고 보니 돈은 생각보다 작은 걱정이었어요. 삶에 있어 물질적 여유를 무시할 수는 없어요. 하지만 오직 물질만 쫓는 인생이 행복할 수는 없다는 걸 '인생'을 통해 배우게 됐습니다.

20년 동안 사업을 할 수 있었던 것도 제 내면에 '꿈'이 존재하고 있었기 때문이에요. 어릴 때부터 '성공한 사업가'를 소망하던 간절함이 튼튼한 바탕이 되어, 엎어지고 넘어져도 다시 일어나는 '칠전팔기 정신'을 갖게 해줬죠.

2022대한민국
동안모델선발대회

"포기를 모르는 도전이 더 큰 꿈을 꾸게 하고,
묵묵한 실천은 꿈을 현실에 더 가깝게 만들어 줘요."

패션부터 뷰티까지 저의 관심사는 '중년 여자를 위한 모든 것'을 아우르고 있습니다. 40대인 저를 비롯해 70대인 친정엄마, 더 나아가서는 곧 어엿한 숙녀로 성장할 딸 아이까지 함께 할 수 있는 '관리의 길'을 연구하고 있어요.

해가 갈수록 생기를 잃어가는 피부를 위해 홈케어를 하고, 건강한 노후를 위해 몸에 좋은 것들을 채우려고 노력하죠. 특히 홈케어는 매일 잊지 않고 실천하는 저의 중년 일상 중 하나입니다. 저뿐만 아니라 저희 가족과 직원들도 동참 중인 '재즈민 뷰티 프로젝트'라 할 수 있죠.

저는 바이오 화장품으로 관리를 시작하고 "눈에 띄게 예뻐졌다", "피부 참 좋다"라는 말을 자주 듣게 됐어요. 여자는 노력하는 만큼 예뻐진다는 말은 사실이더라고요. 꾸준한 정성의 결실을 직접 경험하고 보니, 자연스레 스킨케어에 애정이 가더라고요.

홈케어를 해 보니 중년 여자의 피부도 '탄탄한 기초 관리'가 참 중요하다는 생각이 듭니다. 여기서 기초 관리는 스킨케어 전 단계 관리에 속하는 '세안과 2차 클렌징'을 포함해요. 특히 물세안을 할 때는 피부 자극을 최소화하고 불순물만 말끔히 씻어내는 세안제를 선택해야 하죠.

평소 화보 촬영과 행사로 진한 메이크업을 자주 하는 저는 아로셀 '머크워트 휩 클렌저'를 사용하고 있습니다. 선천적으로 건성피부라 각질이 잘 쌓이는 데다, 날씨와 외부자극에 민감하게 반응하는 제 피부에 잘 맞고, 순한 자연유래

성분 클렌저라 아이들도 함께 사용하는 패밀리 클렌저라고 소개하고 싶네요.

머그워트 힙 클렌저는 '버블 클렌저'입니다. 용기에 담긴 세안제는 한 번만 펌핑해도 풍성한 거품을 만들어 주기 때문에 간편하게 버블세안을 즐길 수 있죠.

풍성하고 부드러운 거품을 자랑하는 이 제품은 강력한 세정력과 산뜻한 마무리감을 동시에 안겨줍니다. 반면 자연유래 세정 성분과 오일을 첨가해 피부 자극은 거의 느낄 수 없는 '순한 클렌저'예요. 어른인 저를 비롯해 저희 아이들도 매일 사용할 정도예요.

이는 피부 진정에 도움을 주는 사철쑥 추출물과 피부 보호에 특효가 있는 연꽃 유래 특허 성분 'Lora Anti-S' 성분을 함유하고 있어요. 피부에 쌓인 각종 노폐물 제거는 물론 외부 환경에 의해 자극받은 피부의 진정과 수렴에도 도움을 얻을 수 있죠.

황사와 미세먼지가 심하고, 장시간 마

스크를 쓰고 다니는 요즘 같은 시기에 딱 맞는 아이템이라고 생각했어요. 덕분에 마스크에 눌리고 쓸린 아이들 피부는 물론 수면부족과 스트레스에 시달리는 제 피부까지 편안하게 관리하고 있네요.

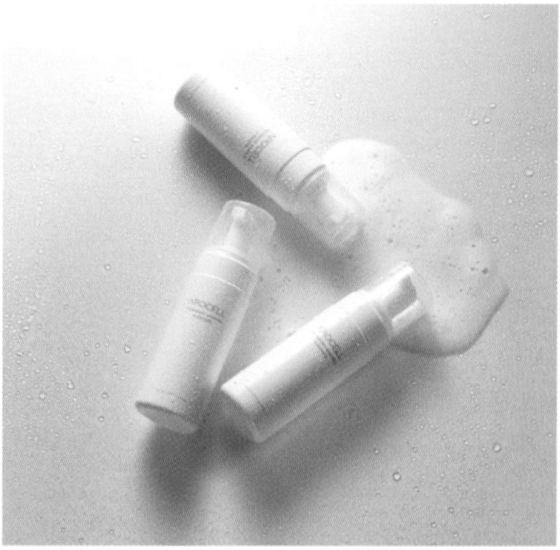

더불어 친환경 용기라 더 호감이 갔어요. 사탕수수로 만들어 자연분해되는 상자와, 콩기름 잉크에 에코 프린트 기술을 접목시킨 용기 디자인까지 더한 '착한 클렌저'예요.

요즘은 어른보다 아이들이 더 환경보호에 관심이 많잖아요. 아이들에게 '지구가 병들지 않게 지켜주는 클렌저'라고 이야기를 들려줬더니 너무 좋아하더라고요.

"삶은 여자를 꿈꾸게 하고, 여자는 꿈을 통해 더욱 아름답게 피어납니다."

중년이 되고 보니 우리 삶과 여자의 관리는 닮은 부분이 참 많은 것 같아요. 사업가로 성공하고 싶었던 젊은 날의 꿈이 지금의 드프랑을 만들 수 있도록 해 준 거잖아요. 여러 실패와 성공을 경험하면 쌓은 중년 사업가의 '내공'은 '20대의 꿈'이 없었더라면 존재하지 않았을 거예요.

저는 중년의 홈케어도 마찬가지라고 생각합니다. 더 젊게, 더 아름답게 피어날 나의 중년과 노년을 꿈꾸면서 '관리'를 결심하고, 꿈에 가까워지는 나 자신을 확인하며 더 꾸준히 관리에 정성을 쏟게 되죠. 때로는 기대에 못 미치는 결과에 실망하기도 하고 나태함의 늪에 빠지기도 하지만 다시 자극을 받고 꿈을 꾸며 자신을 가꾸기도 해요.

사업가 김수현의 꿈이 '화장품'이라면, 경력으로 쌓은 저의 내공은 '좋은 피부'에 비유하고 싶습니다. 간절히 꿈을 꾸며 내공을 쌓다 보면 언젠가 '내 인생의 길'이 보이는 것처럼, 중년을 살아가는 우리의 젊음과 미모도 소망하고 실천하다 보면 분명 몰라보게 달라질 수 있다고 믿습니다.

중년 이후의 피부 젊음은 오직 꾸준함만이 정답이에요. 어떤 관리든 꾸준히 지속할 수 있어야 관리 효과도 유지된다는 말인데요. 이런 측면에서 홈케어에 더 정성을 쏟게 되는 것 같아요. 피부과를 단발성으로 다니는 것보다는 지속적인 홈케어가 장기적인 효과를 기대할 수 있기 때문이죠.

단기효과가 아닌 장기효과! 더 나아가서는 영구적인 관리 효과를 기대할 수 있는 홈케어라면 어떠세요? 하루 10~30분 투자로 평생 명품 피부를 지킬 수 있다면, 한 번쯤 도전해 봐도 좋지 않을까요?

# 수분·각질·모공을 한 번에! 일망타진!
# 첫눈에 반한 '일당백' 뷰티템!

"애벌레는 세상이 끝났다고 생각하는 순간
아름다운 중년의 나비로 변신합니다."

춘래불사춘(春來不似春). 봄이 왔지만 봄 같지 않은 추위가 한창입니다. 이맘때면 건조하고 메마른 피부로 고민하는 주부분들이 많으실 것 같아요.

찬바람과 실내 난방에 자극받고 마스크에 고통받는 중년에 피부는 자주 예민해지죠. 특별 관리를 해야 할 상황이라고 피부가 보내는 신호 같기도 해요. 하지만 큰맘 먹고 관리를 결심하면, 어떤 루틴으로 관리를 시작해야 할지 막막함이 앞서는데요. 이게 저만의 고민은 아니겠죠?

뷰티만학도인 저는 뒤늦게 홈케어를 더 확실히 알아가고 있습니다. 오랜 세월 다양한 화장품을 사서 써 왔지만 '관리'라고 생각한 적은 없었던 것 같아요. 뒤늦게 노화를 실감하며 직접 관리를 결심하고 보니 저 같은 중년의 피부 관리에 대해 더 진지하게 연구하게 됐어요.

요즘은 뷰티케어에 박학다식한 분들께 '겨울 피부 관리법'에 대한 조언을 받고 있습니다. 피부과 전문의, 화장품 전문가부터, 대학 교수님, 유명 메이크업 원장님들까지 정말 많은 분들께 자문을 구하고 문의를 했죠.

신기하게도 모두 입을 모아 '클렌징'의 중요성을 말씀하셨어요. 건조한 피부부터 트러블성 피부까지 기본적으로 꼼꼼한 클렌징으로 깨끗한 기초를 만들고 그다음 집중 케어를 하는 것이 정답이라고 해요.

평소 저는 건조함이 심해져 군데군데 각질이 올라오면 아주 가끔 스크럽으로 관리를 해 왔습니다. 스크럽은 각질 제거 효과는 뛰어난 반면, 피부 홍조나 건조함을 유발해 매일 사용하기에는 부담이 됐거든요. 때문에 수분·보습과 각질 관리는 동시에 해결할 수 없다고 생각한 적도 있었어요.

그런데 화보 촬영을 하면서 수분·보습과 각질케어에 탁월한 잇템을 발견하게 됐었어요. 바로 곰돌이 패드가 그 주인공입니다.

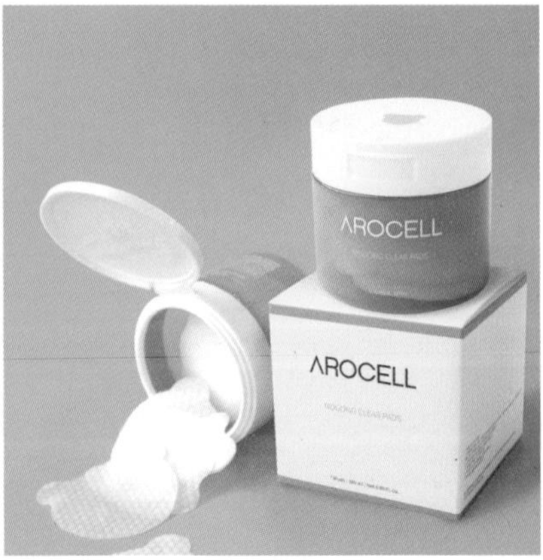

원장님께서는 메이크업 전에 곰돌이 모양 패드로 제 피부를 한 번 정돈해 주시더니, 그 패드를 그대로 양 볼에 붙여 주시더라구요. 볼에 닿는 패드가 시원하고 촉촉해서 '팩하는 기분이다' 생각했는데요. 10분 후 메이크업 베이스를 바르는데 들뜸 없이 '좌악' 밀착되는 피부를 보자마자 '원장님 이거 뭐예요?'라고 여쭤볼 수밖에 없었어요.

언뜻 보면 고급 화장솜에 토너를 적신 것처럼 보이는데, 피부의 건조함과 각질이 해결되고 화장까지 잘 먹으니 너무 욕심이 생기더라구요. 알고 보니 제가 청담동 샵에서 반한 제품은 아로셀의 닦토 패드였습니다. 제가 극찬한 패드가 아로셀 제품이라니 너무 반갑더라구요.

일명 '곰돌이 패드'라 불리는 이 제품은 피부에 남아있는 모공 속 노폐물, 피지, 각질을 정돈해 주고 메마른 피부에 수분을 공급해 pH 균형을 잡아주는 약산성 토닝 패드예요.

1차 세안 직후 피부를 부드럽게 닦아주면 피부가 더 깨끗하고 매끈해지면서 수분이 채워지는 느낌이 들어요. 제품 한 통에 토너 180㎖를 쏟아부은 패드는 충분히 적셔 있어요. 바르자마자 피부에 수분감이 채워지는 것이 느껴지고요. 양면을 다 사용해도 촉촉함이 남아있죠. 신기한 건 마르면 더욱 쫀득하게 모공이 조여드는 느낌이 든다는 거예요.

곰돌이 패드는 순면 100% 듀얼 패드로 엠보면은 각질과 피지 정리를 도와주고, 플랫면은 피부결 정돈과 수분을 채워주는 역할을 해요. 그래서 저는 아침, 저녁 스킨케어 첫 단계에 스크럽 대용으로 사용하고 있습니다.

먼저 엠보면으로 얼굴 전체를 부드럽게 닦아 피부에 남은 노폐물을 정돈하는데요. 코와 턱 등 각질과 피지가 신경 쓰이는 부위는 한 번 더 닦아 주셔도 좋아요. 그다음 플랫면으로 피부를 부드럽게 두드리듯 토너를 흡수시켜 주면 피부에 부족한 수분을 채울 수 있어요.

저는 외부에서 수정화장을 할 때 물티슈 대신에 사용하기도 하고요. 너무 피부가 예민한 날엔 패드 여러 장을 피부에 올려 수분팩처럼 사용해요. 말 그대로 '일당백' 뷰티템이예요.

뒤늦게 홈케어를 연구하면서, 모든 일에 기초가 가장 중요하다는 것을 새삼 실감하고 있습니다. 꽃을 피우기 위해서는 비옥한 땅이 필요하고, 비옥한 땅을 만들려면 좋은 거름을 줘야 하잖아요. 이처럼 우리 중년의 피부도 노폐물 정리부터 시작해서 수분, 영양 공급까지 차곡차곡 기초를 잘 다져야 해요. 그래야 좋은 결실을 볼 수 있는 것 같아요.

맑고 투명한 피부! 아름다운 중년의 미모는 하루아침에 완성되는 것이 아닙니다. 어제보다 나은 나를 목표로 천천히 공을 들이며 관리하는 노력이 중요한 것 같아요. 포기를 모르는 '성실함'이 마일리지처럼 쌓여 아줌마를 여자로 변신, 아니 그 이상의 환생을 시켜줄 거예요.

아름다운 피부를 만나고 싶으신가요? 그럼 지금 저 재즈민과 함께 곰돌이 패드로 탄탄한 기초를 다져 보시는 것은 어떨까요? 반짝반짝 빛나는 물광 피부와 속광 자신감은 절대 먼나라 이웃나라 이야기가 아님을 실감하게 되실 거예요.

AROCELL

## 고생한 내 피부를 위한 선물!
## 중년 피부를 위한 저자극 '순면' 뷰티템

"뜨겁게 달구고 차게 식히는 담금질이 철을 강하게 하듯,
말끔히 비우고 충분히 채우는 홈케어가 중년의 피부를 건강하게 만들어요."

중년이 된 지금도 예쁘다는 말을 좋아합니다. 예쁜 공간, 물건, 사람과 자연은 언제나 감동을 동반하니까요. 어릴 때는 눈에 보이는 예쁨만 쫓았던 것 같아요. 단순히 보이는 것이 전부인 줄 알았어요. 꾸미고 가꾸고 치장하기 바빠서 정작 '순수한 젊음' 자체가 예쁜 줄 몰랐네요.

차츰 나이를 먹고, 인생을 알아갈수록 '본연의 피부에 아름다움'을 먼저 생각하게 됩니다. 해가 갈수록 탄력을 잃어가는 피부를 보며 세월의 무상함을 실감하고, 늘어나는 새치를 보면서 젊음의 유효기간에 대해 생각하게 되는 것 같아요.

여자로서의 나 자신을 거의 포기하고 지냈던 30대 후반은 더욱 그랬습니다. 오로지 일밖에 몰랐고 현실에 쫓기듯 살기 바빠서 '나' 자신은 거의 잊고 살다시피 했어요. 누구보다 열정적으로 일하는 성실한 사업가였지만, 제 내면의 여자는 무력하고 우울했던 시기였던 것 같아요.

마흔 무렵 문득 몰라보게 변해 버린 제 모습을 발견했습니다. 세월의 무게와 삶의 고단함이 그대로 드러나 있었죠. 이대로는 안 되겠다 싶었어요. 피부

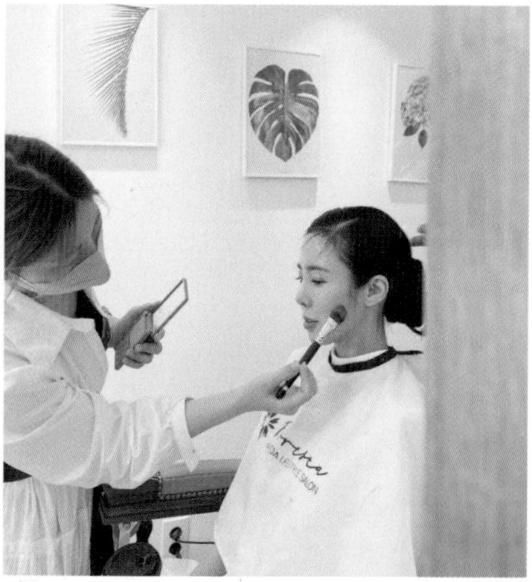

관리에 일부러 시간과 비용을 들일만큼 넉넉한 형편은 아니라서, 화장품이라도 좋은 걸, 잘 발라 보자 다짐하며 홈케어에 눈을 돌렸어요.

중년의 피부 고민은 생기 없이 푸석한 얼굴이었습니다. 날로 심해지는 건조함과 처지고 꺼지는 볼륨감부터 되찾고 싶었죠. 안티에이징 효과가 좋은 기초화장품을 찾던 중 바이오 화장품을 알게 됐어요.

줄기세포 배양액과 보톡스, 연어 DNA 등 '회춘'에 탁월한 고급 원료를 담은 화장품의 존재는 대단히 놀라운 발견이었습니다. 호기심으로 바이오 화장품을 하나씩 사용해봤고, 제법 확실한 효과를 경험하며 홈케어 루틴을 실천하는 중입니다.

"오래된 건물을 리모델링 하듯, 제 중년의 피부를 다시 리뉴얼합니다."

아침, 저녁 세안 후 기초스킨케어는 누구나 매일 반복하는 일과 중 하나죠. 이 평범한 순간이 피부 젊음을 좌우한다고 여러분들은 생각해 본 적 있으신가요?

제가 이 과정의 중요성을 깨달은 것은 불과 몇 달 전 입니다. 저는 세안 후 아로셀 곰돌이 닦토패드와 앰플패드를 사용하는데요. 클렌징 직후 피부결 정돈만 잘해도 윤기 있고 촉촉한 '광채피부'가 될 수 있다는 것을 깨달았어요.

피부에 자극이 덜한 순면패드에 토너가 적셔진 곰돌이 패드는 진한 메이크업을 하고 난 저녁, 익일 아침에 '마무리 클렌징'에 제격이에요. 피부에 남은 잔여 노폐물과 묵은 각질, 모공 속 피지를 부드럽게 비워주고, 그 안에 진정, 수렴에 좋은 수분을 가득 채워주거든요.

바쁜 오전, 피곤한 저녁에는 앰플 패드를 사용합니다. 토너와 앰플의 기능을 동시에 겸하고 있기 때문에 피부결 정돈부터 영양 및 보습 관리를 한 번에 해결할 수 있어요.

끈적임 없이 산뜻한 오일 타입이지만 중년을 위한 보습력이 뛰어난 것이 장점이에요. 늘 피부가 건조한 저에게는 요긴한 뷰티 아이템이라, 일상 중 수시로 사용하고 있어요. 개별 포장 제품이라 가방 속에도 몇 개씩 꼭 넣어 가지고 다니고 있죠.

피부 상태가 최악인 날은 곰돌이 패드와 앰플 패드를 함께 사용합니다. 저자극 제품으로 클렌징을 한 다음 곰돌이 패드로 피부에 남은 화장품 잔여물과 각질, 피지를 녹여 내고, 그 위에 앰플패드를 살살 눌러가며 오일팩을 해 주는 거예요.

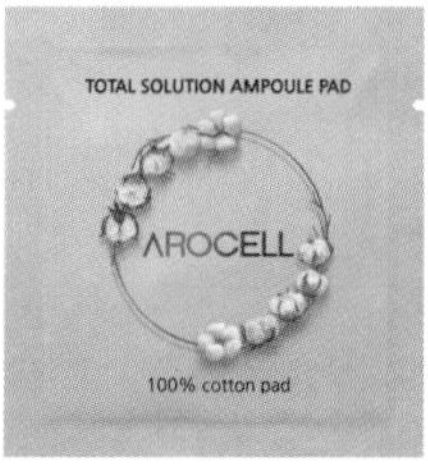


외부 환경에 자극받은 피부를 말끔하게 비우고 동시에 무너진 피부 유·수분 밸런스를 바로잡는 저만의 중년 뷰티케어 노하우예요. 순면 소재 패드라 피부에 주어지는 부담이 적을 뿐만 아니라, 손대지 않고 피부에 부족한 수분과 영양을 채울 수 있어서 위생적이기까지 하죠.

이렇게 패드로 0단계 관리를 마치면 본격적인 스킨케어가 시작됩니다. 그날그날의 피부 상태에 맞춰 앰플을 고르고 그 위에 수분크림을 레이어드 한 다음, 링클케어, 보습케어, 미백케어 등의 집중관리 제품을 더하거나 팩을 해요. 마무리는 밀키드롭 피니쉬 앰플 한 방울로 정리해요.

집을 지을 때 제일 먼저 땅을 단단히 다지잖아요. 지반이 탄탄하지 못하면 건물은 붕괴될 수밖에 없으니까요. 홈케어를 시작하고 보니 우리 피부 관리도 집을 짓는 것과 비슷한 것 같아요. 기초가 되는 클렌징과 결 정돈부터 잘 되어 있어야, 제대로 된 관리 효과를 느낄 수 있겠더라고요.

귀찮다 생각하면 한없이 귀찮고, 즐겁게 생각하면 한없이 빠져드는 것이 홈케어인 것 같아요. 서서히 달라지는 내 피부의 변화를 발견하는 횟수가 늘어날수록 중년 홈케어 관리의 기쁨도 커지죠. 하루 10분, 20분 홈케어를 하다 보니 일상에 조금씩 활력까지도 생기는 것을 느낍니다.

지루한 일상을 조금 특별하게 만들어 줄 '나만의 시간'을 우리 함께 가져 보세요. 무기력해졌던 일상이 조금은 특별해지는 기분을 오늘 맛볼 수 있을 겁니다.

# 메마른 중년 피부만을 위한 특급 솔루션!
# 프리미엄 앰플패드가 답!

"중년의 아름다움을 욕망하며, 중년의 행복을 쟁취합니다"

핑크빛 중년을 소망합니다. 꽃 같던 20대를 지나 롤러코스터 같은 30대를 보냈어요. 수많은 난관을 겪으며 내면은 더 단단하고 강해졌지만, 이런 제 안에 아직도 '풋풋한 여자의 마음'은 여전히 살아있는 것 같아요.

비록 나이는 중년이지만 핑크색을 좋아합니다. 예쁜 옷과 신발을 좋아하고, 꽃 선물을 받으면 여전히 설레고 행복하죠. 사랑스럽고 예쁜 것들을 좋아하고, 평생 아름다운 여자로 사랑받고 싶은 마음은 나이를 불문한 모든 여자의 진심이 아닐까 싶네요.

저는 외동딸로 태어나 부모님의 사랑을 듬뿍 받고 자랐지요. 또래에 비해 체격이 왜소하고 작았지만 커서는 그게 장점이 돼서 모델 활동을 한 적도 있었는데요. 남들 앞에서 '예쁜 척'을 못하는 털털한 성격이라 보여지는 일은 오래 못하고 그만뒀어요.

패션과 뷰티에 미쳐 있었고, 옷을 디자인하고 만들어 파는 일이 더 좋았어요. 제가 생각하는 좋은 소재의 옷을 골라 판매했고, 제가 써 보고 정말 효과

가 좋은 화장품만 골라서 일정 기간 충분히 테스팅 과정을 거친 뒤 고객분들에게 소개했죠.

요즘은 40대 이후의 피부 젊음을 지켜줄 화장품을 연구하고 있습니다. 아무래도 노화가 겉으로 드러나기 시작하는 시기이다 보니, 보다 적극적인 솔루션이 필요하겠더라고요.

40대 이후 피부관리의 포인트는 '탄력'과 '광채'로 손꼽을 수 있습니다. 서서히 피부 탄력이 떨어지면서 얼굴 라인이 무너지고 주름이 생기는 거잖아요. 또한 피부 속 영양과 수분이 감소하면서 조금만 피곤해도 피부가 푸석푸석하고 안색이 어두워지죠.

때문에 중년 이후부터는 피부만 좋아도 훨씬 젊고 예뻐 보일 수 있는 것 같아요. 흔히 '얼굴에서 귀티가 난다'라고 하잖아요. 아무리 이목구비가 곱고 예뻐도 피부에 생기가 없으면 밝고 건강해 보이지 않더라고요.

이런 광채와 탄력은 홈케어로 유지할 수 있어요. '안티에이징 화장품'하면 고농축 앰플이나 리치한 영양크림을 떠올리기 쉬운데요. 저는 바이오화장품으로 기초케어 전 단계에서 주름과 탄력, 미백, 광채 관리를 겸하고 있어요.

저는 건성피부라 어렸을 때부터 스킨, 로션을 꼭 발라왔는데요. 40대가 되면서 건조함이 더 심해져서 얼굴이 좀 푸석해 보이더라고요. 그래서 세안 후 토너 단계부터 보습과 광채에 좋은 제품을 선택하고 있는데요.

피부가 심하게 건조한 날은 세안 후 아로셀 앰플패드로 피부결 정돈을 합니다. 세안 후 피부에 남은 잔여 노폐물과 각질을 부드럽게 정돈해 줌과 동시에 주름 개선 및 탄력증진에 좋은 영양성분을 공급해 촉촉한 광채피부를 만들어 주거든요.

아로셀 앰플패드는 토너와 앰플을 결합한 중년을 위한 '프리미엄 패드'예요. 천연 목화솜을 화학적 가공 없이 그대로 압축한 100% 순면패드로 고급스러움이 느껴지는 제품이죠.

앰플패드는 고농축 오일앰플이 넉넉히 적셔져 있어요. 피부 정돈부터 영양, 보습까지 패드 한 장이면 충분할 정도예요. 때문에 저는 앞면으로 피부결을 정돈한 다음 뒷면으로 앰플을 흡수시켜요. 이렇게 2중 관리를 해도 패드가 촉촉해서 늘 놀라곤 해요.

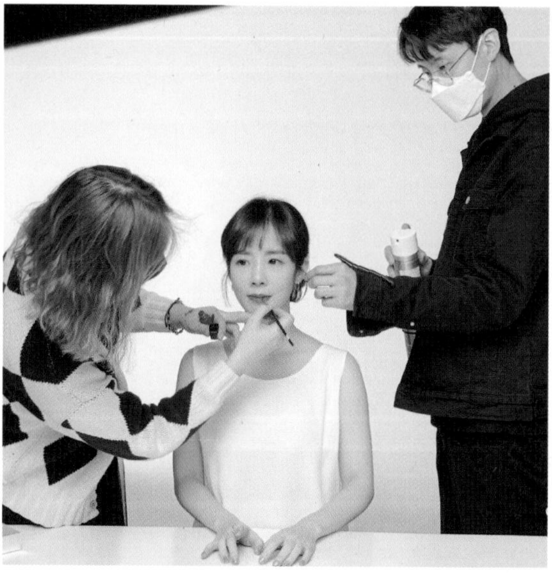

묵직한 중량감과 도톰한 두께감이 느껴지는 앰플패드는 피토 스쿠알란, 잉카 피넛씨 오일, 셀토좀 등의 천연 레티놀이 주성분으로 하고 있습니다. 또한 10종의 씨앗오일을 더한 고농축 오일 앰플이죠.

보통 '오일앰플'하면 리치한 감촉을 먼저 떠올리기 쉬운데요. 앰플패드는 산뜻한 수분 감촉이 인상적인 제품이었어요. 끈적임이나 미끌거림이 없이 촉촉하고 산뜻한 느낌이 '이게 정말 오일 성분 맞나?'라는 의문이 들 정도예요.

반면 관리 효과는 정말 파워풀해요. 40대의 저의 피부 속까지 빠르게 전해지는 풍부한 보습감은 극찬하고 싶을 정도예요. 극건성 피부인 저에게도 부족함이 없더라고요.

저는 앰플패드를 늘 휴대하고 다녀요. 한 장씩 개별포장된 제품이라 파우치에 넣고 다니기 좋죠. 야근을 밥 먹듯 하는 편이라 사무실에서 정말 요긴하게 사용하고 있어요. 세안 후 토너와 앰플을 따로 바르지 않아도 되니까 간편해서 더 정이 가는 제품이에요.

중년 이후 피부는 섬세한 도화지 같아요. 대충 그리면 낙서가 되고 정성을 쏟으면 광나는 도자기 작품이 되지요. 중년의 피부는 어떻게 관리하느냐에 따라 그날그날 피부 컨디션이 바뀌니까요.

저는 이런 부분이 중년 홈케어의 매력이 아닌가 싶어요. 살다 보면 노력해도 안 되는 일들이 많잖아요. 하지만 홈케어는 노력을 쏟은 만큼 정직한 결과로 보답하더라고요. 이런 반복 속에서 제 마음가짐까지도 보다 긍정적으로 변하는 것을 느낄 때가 있어요.

지금 중년의 도화지 위에 어떤 그림을 그리고 계신가요? 홈케어의 참맛에 빠진 40대 아줌마와 함께 관리하며 '광나는 도자기 작품'을 만들어 보는 것도 좋을 것 같아요. 중년 이후의 얼굴은 나 자신이 꼭 만들 수 있습니다. 저는 그렇게 믿습니다!

# 메마른 중년 피부 기초 다지기 "수분! 속까지 꽈~악 잡으세요"

"진정으로 자신을 진심으로 사랑하는 중년의 여자는 처한 현실과 환경을 초월하여 꿈을 이루는 능력을 가지고 있습니다"

닮고 싶은 롤모델이 있었나요? 저는 '멋진 여자'라는 말을 들으면, 저는 제일 먼저 친정엄마가 생각나요.

어린 시절 엄마는 패션회사를 운영하시던 워킹맘이었어요. 외향적인 성격에 맺고 끊음이 확실한 사업가 기질을 지닌 분이셨어요. 뿐만 아니라 딸에 대한 모성애 역시 대단하셨어요. 늘 저에게 제일 좋은 것만 해 주셨고, 옷까지 직접 만들어 주시던 조금은 극성인 어머니였죠.

어릴 때는 마냥 멋있어 보이고 자랑스럽기만 했던 엄마…. 막상 제가 결혼을 하고 두 아이의 엄마가 되어 보니, 그 노력이 얼마나 대단한 것이었는지 비로소 알겠더라고요. 아가씨 때 사진을 보면 미스코리아 같았던 엄마가 왜 결혼한 뒤로는 꾸미지 못하고 사셨는지, 제가 중년이 되어서야 알게 됐어요.

어릴 때 엄마는 수수한 분이셨어요. 꾸며진 아름다움에는 무심하셨지만, 얼굴에 드러나는 본연의 아름다움에는 꽤나 엄격하셨죠. 집에서 직접 오이를 갈아서 팩을 하고 수제 비누를 만들어 사용하시던 기억이 지금도 새록새록해요.

때문인지 노년에도 자태만큼은 곱고 꼿꼿한 할머니로 제 곁을 든든히 지켜주고 계셔요.

엄마의 희고 깨끗한 피부를 물려받은 덕분에 마흔이 되도록 피부 트러블로 스트레스 한 번 받아 본 적이 없었어요. 하지만 노화는 누구도 피할 수 없더라고요.

가장 눈에 띄는 피부의 변화는 '건조함'이었습니다. 평소처럼 스킨, 세럼, 로션만 바르면 얼굴이 당기는 느낌과 함께 피부결을 따라 얇은 주름이 보이기 시작했어요.

40대가 되면서 조금씩 각질이 쌓이면서, 입꼬리가 처지고, 서서히 피부 탄력이 감소하는 것을 확인하면서 비로소 '건조함'이 피부 노화를 부추긴다는 사실을 깨달았습니다. 피부에 부족한 수분을 보충하기 위해 그래핀 마스크로 팩 관리를 먼저 시작했죠.

지금은 아침, 저녁 기초스킨케어를 할 때, 수분과 보습 전용 제품을 사용하고 있습니다. 그 중 아로셀 모이스춰라이징 크림은 저희 온가족이 함께 바르는 수분감이 우수한 보습케어 크림입니다.

물 대신 동키밀크를 사용한 크림은 순한 피부 친화력과 강력한 보습력이 특징이에요. 뿐만 아니라 피부의 재생과 회복에 도움을 주는 고급 원료인 인체 제대혈 줄기세포 배양액을 비롯해 피부 진정에 효과적인 병풀 추출물 등을 함유해 수분, 보습, 재생, 진정에 두루 효과를 기대할 수 있어요.

AROCELL

일명 '화이트 골드'라 불리는 동키밀크는 모유와 유사한 구조와 pH를 지니고 있다고 해요. 때문에 우리 피부에 자극 없이 잘 맞고, 피부 장벽을 강화해 줌과 동시에 장시간 마르지 않는 보습 효과를 부여해 주죠.

또한 회춘단백질 'GDF-11'을 비롯한 89가지 단백질 펩타이드를 지닌 줄기세포배양액 성분이 손상되고 메마른 피부를 회복시켜 줍니다. 외부 환경에 수시로 자극받고 노화에 의해 거칠어진 피부에 발라주면 한나절 이상 촉촉하고 생기 있는 얼굴을 유지할 수 있죠.

저는 주로 화장하는 날 아침 기초 관리에 아로셀 모이스춰크림을 사용합니다. 피부의 유·수분 밸런스를 최적의 상태로 맞춰주는 만큼 들뜸 없이 매끈한 피부 표현이 가능할 뿐만 아니라, 장시간 촉촉함이 유지되기 때문이죠.

수분크림은 바르자마자 느껴지는

수분감만큼 중요한 것이 지속성이라고 생각해요. 아무리 촉촉한 제품도 효과가 지속되지 않으면 무용지물이잖아요.

아로셀 모이스춰크림은 1회 사용 효과가 한나절 이상 오래 지속됩니다. 출근할 때 한 번만 바르고 나오면 점심 이후까지 속부터 채워진 촉촉함을 느낄 수 있죠. 흔히 말씀하시는 중년 제 피부에 '속건조가 사라진 느낌'이라고 표현해야 할까요?

무엇보다 'EWG 그린' 등급을 받은 크림이라, 아이들도 함께 바를 수 있어서 더 만족스럽습니다. 연약한 아이들 피부는 겨울부터 봄까지 찬바람에 쉽게 트잖아요. 이때 아이들 몸과 얼굴에 발라주면 참 좋더라고요.

긴 겨울을 지나고 맞이하는 봄은 언제나 설레고 반갑죠. 사무실과 집이 일상의 전부인 저도 날씨가 맑은 날은 '따사로운 햇살을 맞으며 꽃구경이나 다녔으면 좋겠다.' 하는 생각이 절로 들 정도예요.

이런 기분에 취해 큰맘 먹고 외출을 하고 돌아오면, 마음은 즐거워도 피부 상태는 최악이 되어 있어요. 한나절만 야외활동을 해도 트고 갈라지는 입술이며 따갑고 화끈거리는 얼굴은 기본이죠.

이제 나이를 먹고, 중년이 되고 나니 메마른 피부 위에 자글자글 주름까지 깊어져 애를 먹입니다. 하루하루 나이 들어가는 것은 서글프지만, 아예 포기하고 싶지는 않아서 굳게 마음먹고 시작한 홈케어입니다.

그리고 지금은 이전보다 더 건강하고 에너지 넘치는 피부를 되찾아 가고 있습니다. 나이를 불문하고 피부는 관리하는 만큼 좋아진다는 것을 매일 몸소 경험하며 매일 놀라움을 금치 못하고 있어요.

혹시 '벌써 중년인데…, 관리해 봤자 얼마나 좋아지겠어?'라고 생각하고 계신가요? 바야흐로 100세 시대입니다. 늦었다 생각하는 지금도 결코 늦지 않았다고 말씀드리고 싶습니다.

체력은 이전만 못 해도 끈기와 인내만큼은 뒤지지 않는 나이가 중년이잖아요. 불굴의 정신으로 스스로를 믿고 관리하는 여자는 결코 쉽게 나이 들지 않습니다.

그 아름다운 여정을 저와 함께해 보실래요?

AROCELL
AROCELL

# "극강의 건조함 탈출!" 광채피부 길을 열어준 '콜라겐 마스크팩"

40대 아줌마에게 광채 피부 길을 열어준
'아로셀 콜라겐 마스크팩'

아름다움을 향한 아줌마의 마음에 유통기한이 존재할까요? 중년에 아줌마이지만 '젊음'과 '미모'란 쉽게 포기할 수 없는 무언가가 아닐까 싶어요. 가지고 있을 때는 몰라도 상실을 경험하는 순간 간절하게 되찾고 싶어지니까요.

타고난 피부는 신이 주신 선물이라고 했던가요? 저는 선천적으로 좋은 살성을 가진 덕분에 어릴 때 피부가 좋다는 이야기를 자주 들었어요. 피부 컨디션이 최고 정점에 달했던 20대까지는 흔히 말씀하시는 '피부 고민'을 해본 적이 없었던 것 같네요.

제 자신의 젊음을 믿고 너무 자만했던 걸까요? 어느 날 거울을 보니 푸석푸석 피곤한 얼굴을 한 아줌마의 모습을 마주하게 됐습니다. 그뿐이 아닙니다. 자세히 보니 눈가의 자글자글한 잔주름과 입가의 팔자주름까지 정말 눈에 띄게 많아진 것을 발견하게 됐어요.

'아차!' 싶었어요. 자기관리에 소홀했던 몇 년의 시간이 파노라마처럼 떠올랐습니다. 두 아이를 돌보고 일하며 바쁘다는 핑계로 제 자신을 돌보지 못했던 시간들, 문득 산다는 이유로 정작 나 자신은 챙겨주지 못한 것 같아 마음이 아팠습니다.

세월의 무상함을 탓하는 것도 잠시, 저는 빠른 개선이 필요했고 장기적으로도 피부를 지켜주는 제품이 너무 절실했어요. '아직은 늦지 않았다'라는 간절한 마음으로 피부의 건조함과 잔주름을 개선해 줄 제품을 찾기 시작했습니다. 그렇게 알게 된 화장품이 아로셀 슈퍼파워 콜라겐 마스크팩이었어요.

한 번 관리만으로도 중년 아줌마에게 큰 변화를 느끼게 해준 아로셀 슈퍼파워 마스크팩은 제 피부의 다양한 고민을 한 방에 해소해 준 '구세주' 같은 제품이었습니다. 첫 사용 당시부터 다른 팩들과는 단연코 확연히 달랐어요.

우선 팩 사용 직후 촉촉한 물광과 함께 피부의 속 당김이 개선되는 효과에 깜짝 놀랐어요. 이런 즉각적인 효과에 '1일 1팩'을 실천하며 하루하루 회복을 거듭하는 피부를 경험했습니다. 효과가 배가될수록 제품력에 대한 저의 확신도 더욱 더 견고해졌죠.

이렇게 한 달여 시간이 흘렀고 제 피부도 제법 물오른 컨디션을 되찾아 가는 중입니다. 피부 속에 부족한 유분과 수분이 채워지면서 얼굴에 자연스러운 광채도 올라 올 정도예요. 때문인지 요즘은 거울을 보는 시간이 즐겁기만 합니다.

슈퍼 파워 콜라겐 마스크팩은 강스템바이오테크의 명품 바이오 성분인 인체 제대혈 세포 배양액으로 만들어진 프리미엄 콜라겐 마스크팩입니다. 줄기세포와 콜라겐 등 고급 원료를 고농축으로 함유한 제품이라 1회 사용만으로도 즉

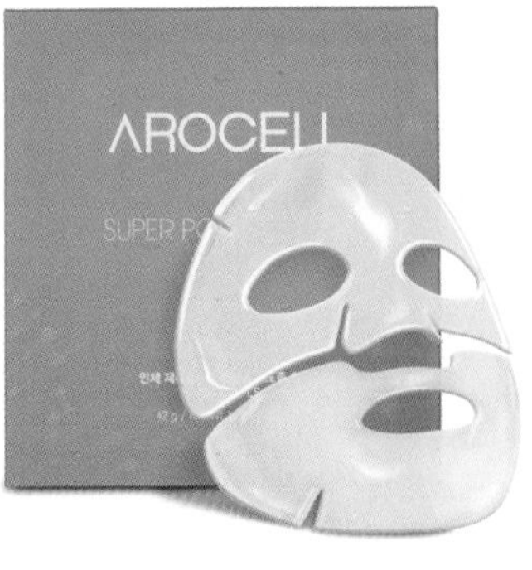


각적인 피부 개선 효과를 확인할 수 있어서 더 자신 있게 소개해 드리고 싶은 제 인생템입니다.

탱글탱글한 젤리 타입으로 제작된 마스크팩은 그야말로 '회춘 콜라겐 덩어리'입니다. 회춘 단백질이라 불리는 GDF-11을 비롯한 단백질과 수분, 보습, 탄력 영양성분을 그대로 굳혀서 팩으로 만들었기 때문인데요. 이는 수분 공급 및 탄력 증진은 물론 피부열을 내려주는 쿨링효과, 피부 자극 및 트러블 등을 다독이는 진정효과는 물론 미백효과까지 기대할 수 있습니다.

여자 나이가 40대가 넘어서면 잔주름이 짙어지고 피부 탄력이 떨어지기 시작합니다. 저처럼 꾀끔 '타고나게 좋은 피부'를 갖고 있다 해도 예외는 아니에요. 일찍부터, 꾸준히, 차곡차곡 관리하지 않았다면 마흔 이후 여자의 피부는 한눈에 봐도 '딱 나이 든 피부'처럼 보입니다.

이런 세월의 흔적은 사실 하루아침에 찾아오는 노화의 징후가 아니라고 해요. 평소 나도 모르게 반복해 온 작은 습관이 모여 서서히 피부를 늙게 만든 것이죠. 하지만 '내 습관이 내 피부를 늙게 만들었구나.' 하는 자책하지는 말았으면 좋겠어요. 오히려 '지금도 늦지 않았다! 이제부터 관리하면 된다!'라는 긍정적인 마음을 가지셨으면 하는 바람이에요.

누구나 늙기 마련이지만 '먼저 늙고 싶은 아줌마'는 세상 어디에도 없어요. 하루라도 더 젊음을 붙잡아 두고, 또 역주행하고 싶다면 지금부터라도 미리미리 준비하고 착실하게 관리해 주세요. 관리하는 여자의 피부는 절대 쉽게 나이 들지 않습니다.

자신의 노력 여하에 따라 피부 노화가 조금 늦춰질 수도, 때로는 역행할 수도 있다는 것을 보여준 고마운 제품! 아로셀 슈퍼 파워 콜라겐 마스크팩은 제게 다시 '중년 아줌마에서 여자의 시간'을 되찾아 준 좋은 화장품이자 오래 함께하고 싶은 '든든한 친구' 같은 존재라고 소개하고 싶네요.

수분, 보습, 미백, 주름, 탄력까지 하나부터 열까지 쉬운 게 없는 민감성 피부로 스트레스 받고 계신가요? 내 피부에 맞는 홈케어의 길을 찾아 방황 중이라면 팩 관리부터 가볍게 시작해 보시길 꼭 추천해 드려요.

특히 저처럼 "어느 날 갑자기 찾아온 주름들과 건조함"으로 고생하고 계시다면 슈퍼 파워 콜라겐 마스크팩으로 1달 집중 관리를 해 보시길 바래요. 늘어진 피부는 탱탱하고 쫀쫀하게, 마르고 거친 피부는 촉촉하고 매끈하게, 어둡고 칙칙한 안색은 화사하게 되살아나는 것을 직접 경험하고 확인하실 수 있으실 거예요.

단 한 번뿐이라 더 소중한 것이 인생이라고 해요. 이런 세월의 무상함을 조금을 알 것 같은 중년의 나이가 되고 보니 문득 오늘 하루가 더 귀하고 감사하게 와 닿아요. 그리고 내일은 조금 더 그윽한 분위기를 지닌 아줌마로 아름답게 나이 들어가길 기도해 봅니다. 저의 여정에 언니들과 함께해 보고 싶어요!

# 03

# 시들지 않는 젊음

# “크림 하나로 지나온 세월의 흔적을 묻다!”

“미운 주름! 이제 분리수거하고, 떠나보내세요!”

화장품으로 젊음을 되찾을 수 있을까요? 오직 홈케어만으로 ‘다운에이징’이 정말 가능할까요? 40~50대 여자들의 가장 큰 궁금증이지 않을까 싶습니다.

40대 중반인 저 역시 그랬어요. 이미 노화된 피부를 다시 젊고 건강한 상태로 되돌리는 건 ‘의느님(?)’의 힘을 빌리는 성형외과 수술이나 피부과 시술만이 답인 줄 알았죠. 홈케어가 제 피부의 젊음을 찾아줄 것이라고는 정말 꿈에도 생각지 못했어요.

그러던 어느 날 운 좋게도 슈퍼파워크림을 만났고 저의 편견은 완전히 깨졌습니다. 아로셀 슈퍼파워크림은 단순히 바르는 화장품이 아니에요. 병원 시술로 접할 수 있었던 피부 유효성분을 화장품으로 만들어 흡수시키는 중년 아줌마 피부에 산삼 같은 제품이었어요.

슈퍼 파워 크림은 보톡스의 주요 성분인 보툴리눔톡신 유래 성분 추출물과 고보습 동키밀크, 인체 제대혈 세포 배양액이 10,000ppm 함유된 고기능성 슈퍼 파워 크림이에요. 피부 보습과 탄력, 주름 개선 및 재생 등 피부의 전반적인 컨디션을 회복시켜 주는 강력한 안티에이징 크림이라 할 수 있어요.

바이오화장품 전문 브랜드 아로셀과 줄기세포 치료제 연구 개발 회사 강스템바이오테크의 생명과학 기술을 집약한 제품입니다. 강스템바이오테크는 아마 주식을 하시는 분들은 한 번쯤 들어보셨을 텐데요. 국내 줄기세포 관련 기술의 선두기업으로 유명해요.

슈퍼 파워 크림에 함유된 '인체 제대혈 줄기세포 배양액'은 줄기세포 중에서도 가장 젊은 피에 해당하는 '탯줄혈액'에서 얻은 줄기세포 배양액 성분입니다. 값비싼 바이오 성분 중에서도 귀한 대접을 받는 최고급 성분에 속하는 원료죠.

슈퍼 파워 크림은 인체 '제대혈' 줄기세포를 사용한 특별한 안티에이징 화장품이라 더 마음에 들었어요.

회춘단백질 GDF-11을 함유한 슈퍼 파워 크림은 모공의 1,700분의 1 사이즈로 뛰어난 흡수력과 피부 친화력을 자랑합니다. 고급스러운 은색 용기 안에 담긴 하얀 크림은 눈으로 보아도 가볍고 촉촉해요.

저는 이 크림을 스파츌러로 살짝 덜어 사용하는데요. 밀림 없이 매끄럽게 펴지면서 사르륵 흡수되는 감촉이 정말 기분 좋아요. 뿐만 아니라 사용 후에도 끈적임 없이 가벼운 사용감은 물론 종일 촉촉함이 유지돼 좋은 피부컨디션을 유지할 수 있어요.

일주일 정도 사용하면 피부에 윤기와 탄력이 생기고 2주 정도 지나면 얼굴에 생기발랄한 젊음이 느껴집니다. 중년의 제 얼굴에 새겨진 미운 주름을 홈케어로 떠나보낼 수 있다는 확신도 생겼습니다.

지금은 제가 피부과와 작별하게 해준 고마운 인생템이 되었어요. 팽팽하고 환해진 얼굴을 볼 때마다 뚝 떨어졌던 자신감도 조금씩 올라가는 것 같아 더 만족하고 행복합니다.

모든 화장품은 '효과'가 중요하다고 생각해요. 내 눈으로 직접 확인되는 효과를 경험할 때 우리는 제품에 대한 확신과 믿음을 갖고 '더 열심히 관리하자' 다짐하게 되잖아요. 이런 작은 동기부여가 더해질수록 부지런히 관리하게 되고, 아름다움이 저희와 가까워지는 것 아닐까요?

아름다움을 되찾는 일은 생각보다 어렵지 않습니다. 지속적인 관심과 꾸준한 실천만 있다면 '어제보다 나은 나'를 만날 수 있어요. 그리고 그런 변화가 무기력한 우리 중년 주부들의 일상을 조금 더 활기차고 즐겁게 바꿔주지 않을까요?

여자가 아무리 나이가 들어도 아름다움을 되찾는 것은 가장 행복한 일입니다. 이젠 누군가의 말이나 설명을 듣는 것이 아니라 직접 저와 같은 행복을 경험해 보시길 기도해봐요. 시간이 흐를수록, 날이 갈수록, 세월이 갈수록 더 고귀한 가치를 가지는 '명품 미모'를 저와 함께 만들어 보면 어떠실까요?

슈퍼 파워 크림으로 피부가 예뻐진 아줌마 드프랑 '재즈민'이었습니다.

# 중년 아줌마 피부 회춘의 비밀병기!
# 슈퍼 파워 앰플!

"피부에 생각을 바꾸면 방법이 바뀌고, 방법이 바뀌면 홈케어 습관이 바뀌고,
습관이 바뀌면 피부의 가치가 바뀌고, 가치가 바뀌면 중년이 바뀝니다"
"작은 나비의 날갯짓이 큰바람을 불러일으키듯,
홈케어의 작은 변화가 중년의 피부의 삶을 바꾸는 시작이 됩니다"

중년의 삶을 풍요롭게 하는 기쁨이란 무엇일까요?

오늘 하루를 웃으며 보낼 수 있었던 이유를 돌아보면 다정한 말 한마디, 친절한 미소, 맛있는 밥 한 끼 같은 따뜻하고 소소한 것들이 대부분입니다. 어쩌면 행복이란 우리 삶의 곳곳에 깃든 아주 작고 소박한 기쁨들의 총체가 아닐까 생각하게 되네요.

저는 요즘 뷰티케어를 통해 작은 행복을 발견하는 중입니다. 저 스스로를 가꾸고 관리하는 자체도 좋지만 주변 사람들에게 저의 진솔한 경험을 이야기하고 서로의 생각과 마음을 나누는 소통의 시간이 무척 즐거워요.

이런 소통의 즐거움에 빠져 '오늘은 어떤 뷰티 스토리를 경험하고 전할 수 있을까' 생각하며 '매일의 오늘'을 기대하며 지내고 있네요. 그리고 저의 중년의 뷰티 세계관을 정립해준 아로셀과의 인연이 더욱 특별하게 와 닿습니다.

저의 40대 홈케어는 안티에이징 화장품 브랜드 아로셀로 홈케어와 안티에이징을 함께 하고 있습니다. 정말 우연한 기회에 한 고객님의 소개로 알게 된 바이오 화장품은 첫 테스팅 기간부터 '속광'으로 제품력을 확인시켜 줬어요. 그렇게 하나씩 제품을 더하며 자리 잡은 저의 데일리 루틴은 저의 홈케어에 화룡정점이 되어 주고 있습니다.

제 화장대에서 시작된 변화는 이제 '드프랑'으로 계속 이어지고 있습니다. 뷰티제품을 소개할 때마다 저의 지인들과 드프랑 가족분들이 먼저 알아봐 주셨어요. 반응은 폭발적이었고요.

이런 반응은 오직 '제품력'때문이 아닐까 해요. 고가로 팔릴만한 바이오 화장품임에도 불구하고 거품은 싹 뺀 '가성비 좋은 화장품'들인데다, 뛰어난 효능과 효과까지 확인할 수 있었으니까요. 당초 제가 아로셀을 만나서 느꼈던 이런 장점이 소문이 나게 된 것 같아요.

그중 인체 제대혈 줄기세포 앰플 '슈퍼 파워 앰플'은 제게 정말 특별한 제품이에요. 프리미엄 안티에이징 라인인 슈퍼 파워 라인은 정말 유명하죠. 시그니처 제품인 콜라겐 마스크팩이나 슈퍼 파워 크림에 이어 '앰플'은 말 그대로 파워풀한 효과로 저와 드프랑 식구들을 감동시킨 제품이었어요.

슈퍼 파워 앰플은 인체 제대혈 줄기세포 배양액 함량을 최고 수준으로 높였을 때의 효과를 검증하여 만들어 낸 고농축 회춘앰플입니다. 인체 제대혈 줄기세포 배양액을 무려 100,000ppm이나 함유하고 있어요.

뿐만 아니라 동결건조 기술을 적용해 고급 원료인 줄기세포 배양액 리포좀을 성분 파괴 없이 보존했다고 해요. 매회 제품을 쓸 때마다 가장 신선한 상태로 보존한 줄기세포를 저희 중년의 피부에 바를 수 있는 거죠.

일명 '회춘앰플'이라 부르는 슈퍼 파워 앰플은 슈퍼 파워 크림과 함께 사용하면 더 큰 시너지 효과를 안겨 줍니다. 크림 전 단계에서 앰플을 먼저 발라 주시면 탄력, 모공, 주름에 드라마틱한 변화를 직접 경험할 수 있죠.

〈슈퍼 파워 앰플+슈퍼 파워 크림〉 조합으로 관리하면 피부에 팽팽한 탄력과 속부터 차오르는 볼륨감이 생깁니다. 매 회 관리마다 쫙 당겨드는 피부의 조여듦이 꼭 방금 팩을 한 느낌이더라고요. 피부에 좋은 회춘 성분 100,000ppm이 피부 속으로 빨려 들어가니 그럴 수밖에 없었겠구나 싶기도 해요.

슈퍼 파워 앰플은 짧게 4주, 길게 3개월 정도 꾸준한 사용을 권해 드리고 싶습니다. 1년 365일 매일 사용하면 좋겠지만 워낙 고가의 제품이다 보니 1~3

개월 정도 집중 관리 제품으로 추천을 해드리고 싶어요.

제 경험을 돌이켜 보면 슈퍼 파워 앰플과 크림으로 관리하고 일주일 정도 지났을 때 피부 탄력이 좋아진 걸 스스로 느꼈던 것 같아요. 그리고 수개월이 지난 지금은 피부의 전체적인 컨디션이 무척 좋아졌어요. 메이크업 원장님께서 '무슨 시술 받았냐?' 물어보실 정도네요. (웃음)

모든 주부분들은 한 번쯤 20대 젊음을 그리워해 본 적이 있으실 거예요. 지나간 시간은 되돌릴 수 없지만, 우리 피부는 조금 더 꼭 어려질 수 있어요. 저와 함께 피부의 젊음을 되찾아 보시겠어요? 단 한 번뿐이라 더 소중한 것이 우리 인생이잖아요. 우리 모두 인생 2회차의 마음으로 우리 피부만큼은 건강하고 젊게 살아요.

# 온리 목주름만…
# 중년을 위한 홈 넥에스테틱 '잇템'

"사랑과 재채기와 목주름은 숨길 수 없어요"
이제 다시 만들면 새로운 나로 거듭날 수 있어요!"

중년 주부에게 젊음이란 무엇일까요? 지나간 그리움이자, 지금인 현재이며, 훗날의 간절한 소망이 아닐까요. 우리에게 젊음은 곁에 머무는 삶의 일부예요. 하지만 중년 이후부터는 노력해야 지켜지는 '권리'이기도 한 것 같아요.

두 아이와 함께하는 주부인 저도 멋진 중년을 꿈꿉니다. 내면의 순수함을 잃지 않은 지혜롭고 다정한 사람으로 더 열정적인 삶을 살려고 해요.

엄마로서, 사업가로서 제 역할에 충실하기 위해 잘 먹고 운동하며 체력도 더 신경 써서 관리하고요. 젊고 아름다운 여자를 꿈꾸며 홈케어도 게을리하지 않고 있어요. 후회 없는 인생은 없다지만 이왕이면 '덜 후회하는 삶'을 살면 좋을 것 같아서요.

'봄볕처럼 관리하고, 가을볕처럼 아름답자.'

40대 중반을 다가가고 있는 저의 자기관리 철학은 단순해요. 부드럽지만 순식간에 그을리는 봄날 햇빛처럼 '편안하지만 효과는 확실한 관리'로 가을 햇살

처럼 과도함 없이 따뜻한 중년의 아름다움을 누리고 싶어요.

이젠 편안함을 주는 아름다움이 좋아지더라고요. 강렬하고 화려한 멋은 덜해도 오래오래 보고 싶은 사람들이 있잖아요. 외모는 어려 보여도 속은 깊은 반전 매력이 가장 돋보이는 시기가 중년이 아닌가 싶기도 해요.

그래서 평소 홈케어를 할 때도 주름 관리는 꼭 빼놓지 않아요. 40대에는 누구나 서서히 피부 탄력이 떨어지면서 주름이 신경쓰입니다. 세월 따라 깊어지는 눈가와 입가 주름은 물론 목주름까지 꼼꼼하게 케어가 필요합니다.

작고 미세한 눈가 주름은 갈바닉 아이크림 '아이링클솔루션'을 수시로 바르며 관리해요. 반면 목의 넓은 부위는 목 전용 크림인 아로셀 슈퍼파워크림 넥크림으로 집중관리를 합니다.

슈퍼파워 넥크림은 80g 대용량으로 제작된 목 링클케어 전용 화장품이에요. 콩에서 추출한 식물성 에스트로겐 아이소플라본과 연어 DNA, 5중 세라마이드 성분을 함유한 고기능성 바이오화장품으로 미백, 주름 기능을 인정받은 제품이에요.

크림은 럭셔리한 텍스처가 특징이에요. 이런 남다른 사용감은 인터코스의 스위스 연구소인 CRB와 비타랩 연구소가 공동개발한 연구 결과죠. 레시틴 액정 캡슐의 크림 제형은 뛰어난 밀착감과 부드러운 발림성을 지니고 있어요. 목 피부에 친화적인 크림인 만큼 뛰어난 탄력감을 부여해 줍니다.

은회백 용기에 담긴 크림은 바셀린처럼 꾸덕한 제형이에요. 하지만 직접 목 피부에 닿는 발림성과 사용감은 전혀 예상치 못한 럭셔리함으로 감동을 줍니다. 답답함이나 끈적임, 미끌거림 없이 그대로 목·피부에 흡수되며 보송보송한 목 감촉만 남겨 주거든요.

윤기 넘치는 텍스처와 손끝에서 느껴지는 고급스러움은 '벨벳'을 방불케 합니다. 뭉치거나 밀리지 않는 실키한 크림이라 주름 부위는 목뿐 아니라 어깨, 데콜테 지압 마사지에 사용해도 너무 좋아요.

저는 아침, 저녁으로 넥 전용크림을 바르고 있어요. 오전에는 목에 보습 목적으로 바르고, 저녁에는 목과 어깨 등 넓은 부위의 뭉친 근육을 풀어줄 때 사용해요. 보기 싫은 목주름도 관리하고 하루의 피로를 덜 수 있는 힐링타임을 가질 수 있죠. 나만의 작은 홈에스테틱에 온 기분이라고 해야 할까요? (웃음)

이미 깊어진 목주름의 착색이 고민이라면 목 전용 슈퍼파워 넥크림을 바르고 그 위에 비타민 스틱을 발라 주셔도 좋습니다. 슈퍼파워 넥크림의 파워풀한 탄

력감과 비타민 스틱의 강력한 미백효과가 시너지를 내서 중년의 목 피부에 더 빠른 효과를 기대할 수 있거든요.

젊고 아름다운 중년을 꿈꾸시나요? 여자에게 미모는 권리이자 특권이지만 절대 공짜로 주어지지는 않는 것 같아요. 머리카락 한 올, 주름 하나까지 살피고 가꾸는 관심이 40~50대 여자를 빛나게 합니다.

바야흐로 100세 시대입니다. 미모도 젊음도 인생도 늦은 때란 없어요. 지금 시작하시면 됩니다. 무상한 세월 앞에서 하루하루가 너무 소중해지는 중년! 그 귀중한 시간을 '나 자신'을 위해 투자해보는 것은 어떨까요.

# "주름 펴고! 중년에 활력 충전!" 바르는 보톡스 앰플?

"중년에 걱정과 주름은 적을수록 좋고, 웃음과 탄력은 많을수록 좋다."
이제 다시 만들면 새로운 나로 거듭날 수 있어요!"

다다익선(多多益善)이 다 좋은 것은 아닌 것 같아요. 인생에 중반을 넘어 살면서 항상 '더 많이' 경험하고 '더 많이' 누리고 싶었던 아줌마예요. 하지만 세월은 저에게 '더 조금'을 소망하는 법을 가르쳐 주네요.

마흔이 넘으면서 우연히 세월의 흔적을 발견했어요. 웃을 때 눈가에 잡히는 잔주름과 겹겹이 패인 입가 주름이 유독 도드라져 보였습니다. '아, 나도 벌써 마흔이구나!'라는 생각과 동시에 살짝 서글픈 기분이 됐죠.

이전까지 피부로 고민해 본 적이 별로 없었어요. 친정엄마께 물려받은 좋은 피부 덕분이에요. 사춘기에 흔한 여드름은 물론 트러블도 심하지 않았죠. 살성이 좋은 탓인지 어떤 화장품이든 잘 맞았고 30대까지는 이렇다 할 피부 고민 없이 지냈던 것 같아요.

안티에이징에 관심이 생긴 것은 불과 1~2년 정도 됐습니다. 한 번 정도 피부과 시술도 받아 봤고, 마사지도 해보고, 좋다는 화장품도 사서 발라가며 '40대 이후의 피부 관리 방법'을 고민하고 연구하고 또 고민했네요.

지금은 저만의 중년 스킨케어 노하우를 가지고 '성실한 홈케어'에 도전하는 중이에요. 입소문 난 화장품은 거의 다 사서 써 봤지만, 결국 결론은 '좋은 화장품을 잘 조합해서 꾸준히 관리하는 것'이 중요하더라고요.

우선 이것저것 잠깐 사서 쓰고 바꾸는 반복을 멈추고 바이오 화장품으로 수달째 관리를 하고 있습니다. 단기간에 중년의 제 피부에 눈에 띄는 효과를 안겨주더라고요. 눈으로 확인되는 탄력이나 당일 개선되는 속건조 등은 정말 감동이었죠.

특히 보톡스를 함유한 화장품은 제게 신선한 충격을 안겨 줬습니다. 특허받은 기술로 보톡스의 주요 성분을 피부 세포에 흡수시킬 수 있게 된 건데요. 화장품을 바르는 것만으로 팽팽한 탄력이 느껴질 수 있다는 사실이 반갑고 신기했어요. 또한 고마웠어요.

아로셀의 '보톡스 앰플' EX-KIT도 그중 하나예요. 보톡스와 연어주사의 주요 성분을 고농축 앰플로 응축시킨 고기능성 앰플이라고 해요. 보톡스의 주름 개선 효과와 연어 DNA(PDRN)의 활력 증진 효과를 동시에 누릴 수 있도록 중년 주부들을 위해 개발된 제품이죠.

2주 관리용 앰플은 15㎖ 캡슐 14개로 구성되어 있습니다. 하루 1캡슐을 오픈해 아침, 저녁으로 나눠서 발라주면 되는데요. 아침에 사용하고 남은 앰플은 별도 제공되는 마개를 끼워 보관할 수 있어요. 개별포장 제품이라 파우치나 핸드백에 하나씩 갖고 다니기 편리해요. 여행갈 때, 골프장 갈 때 휴대하고 다니기 너무 좋더라고요.

무엇보다 끈적임 없이 산뜻한 사용감은 만점을 주고 싶습니다. 1캡슐 15㎖ 용량의 앰플은 맑고 가벼운 수분 타입이에요. 답답함은 물론 끈적임 없이 '싸악' 흡수되서 앰플 위에 다른 앰플을 한 번 더 레이어드 해도 부담이 없어요. 저처럼 무겁고 답답한 느낌을 싫어하시는 분들이라면 정말 흡족해하실 것 같아요.

반면 속부터 올라오는 탱탱함은 수준급이에요. 앰플은 바르고 잔 날과 바르지 않은 날이 확연히 느껴질 정도죠. 조금 예민하신 분들은 피부 안쪽에서 살짝 당기는 느낌이 든다고도 하시는데요. 보톡스가 피부 세포를 꽉 잡아주면서 나타나는 현상이더라고요.

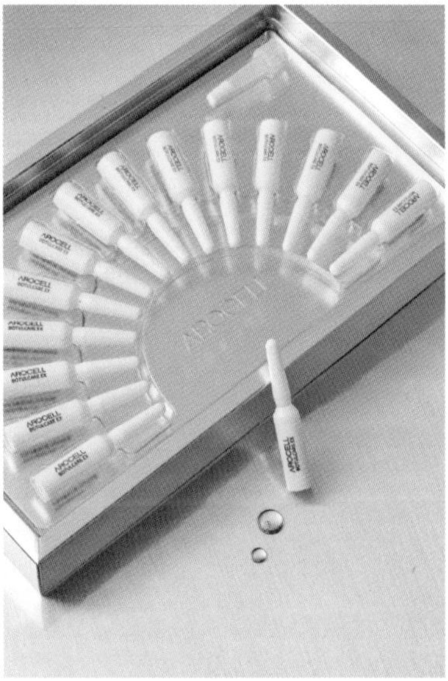

뿐만 아니라 보톡스가 과도한 피지를 잡아주니까 모공도 좀 작아진 것 같고 화장을 하면 보송보송한 느낌이 오래 지속되고요. 연어 PDRN이 활력을 부여해주니까 종일 생기 있고 윤기 나는 피부 컨디션이 유지돼요. 말 그대로 '탄력과 활력의 총합체'라 할 수 있겠죠?

이전까지 안티에이징이란 노화예방 차

원의 관리로 여겨왔던 것 같아요. 더 나빠지지만 않아도 좋은 화장품이라고 생각했는데요. 이젠 저 같은 중년도 눈에 띄는 개선 효과를 기대하게 됩니다.

화장품 기술이 너무 좋아진 탓일까요? 어제와 다른 저의 피부 상태를 보면 저도 모르게 '홈케어만 잘해도 젊어질 수 있겠다'라는 믿음이 확신처럼 생기기도 해요. 그리고 '더 부지런히 관리하고 더 열정적으로 살아야겠다.'라는 욕심이 생기더라고요.

생각이 곧 삶이 된다는 말이 있어요. 젊고 건강하게 나이 들고 싶고, 즐겁고 행복한 인생을 향한 소망은 저 같은 중년은 누구나 똑같을 것 같은데요. 저는 이 모든 것의 시작은 우리의 마음과 행동이라고 생각해요.

주저하고 미루기에 우리네 인생은 너무 짧고 소중하잖아요. 한순간 지나가 버리면 돌아오지 않는 것이 오늘! 그 소중한 시간을 아낌없이 누리며 우리 아름다운 중년으로 거듭나 봐요.

# '청춘피부' 리턴! 다시 태어나는 중년 피부 "연어 DNA에서 찾은 놀라운 재생의 힘!"

"행복이란 과거에 감사하고 미래를 꿈꾸며
현재에 충실할 때 중년에 주어지는 '선물'이라고 생각해요."

행복이란 무엇일까요? 학업과 사업을 병행하던 꿈 많은 20대를 지나왔습니다. 예쁜 발레복과 토슈즈가 좋아서 발레리나를 꿈꾸던 7살 아이의 마음을 고이 간직한 채 '아이어른'이 됐죠.

스타일링에 남다른 감각을 갖고 있다고 생각했던 만큼 일찌감치 사업가를 꿈꾸며 아르바이트로 돈을 벌고 학교에 다니며 틈틈이 제 쇼핑몰을 키워나갔어요. 항상 시간에 쫓기며 쉴 새 없이 일하기 바빴지만 좋아하는 일에 몰입하는 시간이 조금도 아깝지 않았죠.

결혼을 하고 출산을 한 뒤에도 꾸준히 의류 사업을 하며 유아교육까지 사업 영역을 확장했습니다. 쇼핑몰을 운영하며 크고 작은 성공을 거두며 자신감도 상당했었어요. 무엇보다 내 아이들에게 더 좋은 환경을 만들어 주고 싶은 엄마의 마음이 앞섰죠.

20대부터 성실함이 성공의 보증수표라고 여겨왔던 저에게도 성공의 기쁨과 실패의 아픔은 번갈아 찾아왔어요. 울고 웃으며 롤러코스터 같은 세월을 보내고 보니 어느덧 40대 중반의 문턱에 다다랐네요.

인생의 단맛과 쓴맛을 한 번씩 경험하고 맞이하는 40대 중년의 삶은 젊은 날의 기대만큼 화려하지 않았습니다. 하지만 그땐 알지 못했던 노력과 정성의 기쁨을 알게 됐고, 소소한 일상 속 행복을 발견하며 감사한 매일을 살아요.

물질적인 성공보다 정신적인 행복의 중요성을 우선하게 됐고 나 자신을 돌보고 가꾸는 소소한 일상 속에서 즐겁게 일할 수 있다는 사실에 매일이 놀랍고 신기합니다. 이렇게 마음에 여유가 생길수록 인상도 온화해지고 피부까지도 좋아지는 것 같아요.

40대에 들어와 뒤늦게 홈케어를 시작하면서 피부가 좋아졌다는 이야기만큼 얼굴이 편안해 보인다는 말도 자주 듣곤 합니다. 여자의 외모는 가꾸기 나름이라는 말에 격한 공감을 하면서, 중년 이후의 피부는 노력한 만큼 좋아진다는 것을 알게 됐죠.

중년 여자의 얼굴과 피부는 그 여자의 삶을 비추는 거울이라고 했던가요? 실제로 제 표정에는 마음이 담겨 있고, 피부 상태는 저의 생활이 담겨 있었던 것 같아요. 그래서 더 즐겁게 일하고 긍정적으로 생각하며 홈케어도 게을리하지 않으려고 노력하고 있네요.

바이오 화장품으로 홈케어 효과를 보면서 화장품의 성분과 효능에 대해 많이 배우고 있어요. 기술이 좋아진 탓인지 요즘은 화장품도 피부과 못지않게 고급 성분을 사용하고 있더라고요. 예전 같았으면 병원이나 에스테틱에서나 기대할 수 있었던 관리효과를 집에서 누릴 수 있다니 정말 놀라웠어요.

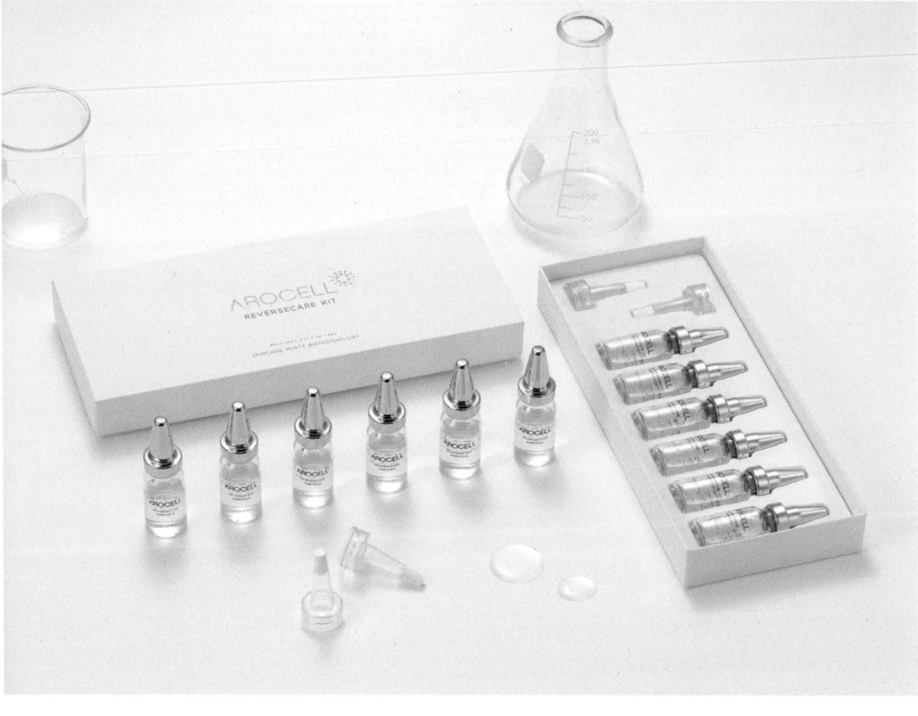
AROCELL
REVERSECARE KIT
SKINCARE MEETS BIOTECHNOLOGY

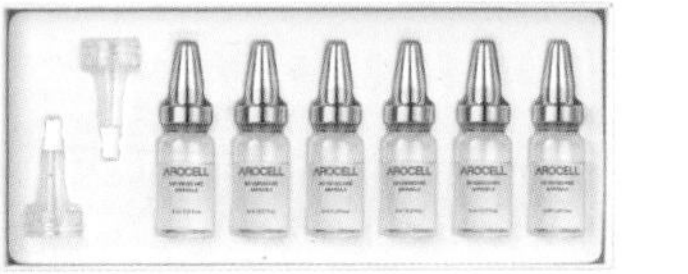


저는 인체 제대혈 줄기세포와 보톡스로 직접 홈케어 효과를 봤는데요. 최근에는 여기에 PDRN 앰플 하나를 더해 제 피부를 돌보고 있습니다.

일명 '연어주사'의 성분으로 더 잘 알려진 PDRN은 수컷 연어의 정소에서 추출한 피부 재생 및 탄력 성분이에요. PDRN이 피부 재생과 활력 증진에 탁월한 효능이 있다는 사실은 이미 잘 알고 계실 텐데요. 피부과에서도 고가의 시술로 만날 수 있었던 PDRN을 이젠 화장품으로 직접 바를 수 있게 됐어요.

이러한 연어주사 성분을 담아낸 획기적인 앰플은 '아로셀 리버스케어 키트' 입니다. 흔히 연어 DNA 성분이라고 알려진 원료 성분 중 가장 고급을 엄선해 앰플 화장품으로 안정화시킨 제품인데요. 국내에서 정말 구하기 힘든 연어 정소의 재생 및 탄력 성분(PEXO Complextm)을 무려 100,000ppm이나 함유한 '최고급 앰플'이라 할 수 있습니다.

6개의 투명 용기에 소분되어 담긴 앰플은 뚜껑을 개봉해 피부에 그대로 발라주면 되는데요. 제가 사용 중인 보토기 앰플 위에 레이어드 해주면 더욱 드라마틱한 탄력과 재생 효과를 얻으실 수 있어요.

투명한 앰플은 물 대신 베이비 콜라겐을 사용해 첫 사용감이 묵직한 편이에요. 하지만 가볍게 롤링해 주면 그대로 피부 속으로 스며들어 끈적임 없이 산뜻한 사용감만 남겨 주죠. 저처럼 속건조가 심한 건성피부, 수분 부족형 중년의 지성피부에 찰떡궁합이고요. 트러블이 잦은 지성, 민감성 피부도 건조한 날 부담 없이 바를 수 있는 순한 앰플입니다.

20~30대까지만 해도 화장품은 트러블 없이 잘 흡수되면 좋다고 생각했어요. 아울러 화장품은 피부가 더 나빠지지 않도록 바르는 것인 줄 알고 지냈습니다. 중년이 되고 보니, 이런 생각은 완전히 180도 달라졌습니다.

좋은 바이오 화장품을 꾸준히 바르는 것만으로도 중년의 피부도 변화할 수 있더라고요. 푸석했던 피부에 생기가 돌고 처지고 꺼진 얼굴에 탱탱한 탄력이 채워지는 것을 눈으로 직접 확인이 됩니다. 그래서 리뉴얼 바이오 제품이 나오면 더 기대하게 되고, 매일 관리하는 시간이 즐겁기만 합니다.

여자의 행복은 바로 이런 자기만족이 아닐까요? 서서히 익어가는 중년의 여유와 깊이를 요즘은 조금씩 알아가는 것 같네요. 또 다른 한 편으로는 제2의 피부 인생을 꿈꿀 수 있다는 것까지도요. 정말 다시 태어날 수는 없지만, 다시 태어나는 피부에 설렘은 느낄 수 있으니까요.

인생의 중턱에 다다라서 '중년'입니다. 그동안 달려온 만큼을 더 열심히 살아갈 우리는 자랑스런 대한민국 아줌마라고 생각해요. 남은 여정도 멋진 꽃길을 위해 저는 더 건강하고 더 젊게 더 곱게 살자고 이야기하고 싶습니다.

# 자글자글 늙어가는 눈가에 주름!<br>홈케어로 '싹' 지우세요

"눈가 주름이 적을수록 중년이 즐겁고,
통장 잔고가 많을수록 노후가 편해져요"

미소가 담긴 얼굴은 아름답습니다. 아기들의 천진난만한 미소는 우리를 무장해제 시키고, 연로하신 노부모님의 함박웃음은 뭉클한 감동을 주죠. 이런 아름다움은 세월이 흘러도 오래 가슴에 남는 것 같아요.

저는 누구보다 웃음이 주는 밝은 에너지를 사랑하는 중년의 주부랍니다. 그만큼 잘 웃고, 유쾌한 분위기를 이끄는 분위기 메이커이기도 합니다. 어떤 상황에서도 '웃음'은 에너지를 주고, 나와 내 주변을 밝게 하는 힘이 있더라고요.

때문인지 다른 부분에 비해 눈가와 입가 주변에 잔주름이 심한 편이에요. 평소 외모에 크게 신경 쓰는 편은 아니지만, 웃을 때 잡힌 주름 사이로 뭉친 파우더를 볼 때는 기분이 썩 좋지는 않죠.

40대 이후 안티에이징 관리를 시작하면서 눈가 관리에 무척 정성을 쏟고 있습니다. 얼굴 전체에 탄력이 생겨도 눈 밑에 처짐이 심하거나 눈가가 자글자글하면 나이 들어 보이잖아요. 전체적으로 조화로운 동안 미모를 생각하면 눈가나 입가까지 세세한 관리를 빼놓을 수 없겠더라고요.

눈가는 피부가 얇고 피지선이 적어 수시로 건조해지고 주름이 생기기 쉽다고 해요. 반면 얼굴을 볼 때 가장 먼저 시선이 가는 부위라 우리 첫인상을 결정짓는 데 중요한 역할을 하죠. 그래서 저는 팽팽하고 생기발랄한 눈가 관리를 위해 집 안팎에서 링클케어 제품을 사용합니다.

평소 애용하는 아이케어 제품은 갈바닉 아이크림 '아이 링클 솔루션'과 '스쿠알란 보습스틱' 그리고 '비타20 파워 스틱'이에요. 이 세 가지 제품은 가방에 쏙 들어가는 슬림한 사이즈라 휴대성이 우수할 뿐만 아니라, 손대지 않고 바를 수 있어 어디서든 간편하게 링클케어를 도와주거든요.

장시간 모니터와 핸드폰을 보면서 눈이 피로할 때는 아이 링클 솔루션을 사용합니다. 갈바닉 진동 마사지 기능이 더해져 있어 건조한 눈가에 수분감을 빠르게 채워주고, 쿨링팁으로 가볍게 혈점을 눌러주면 눈가 마사지 효과를 동시에 누릴 수 있거든요. 3분 정도면 눈가에 수분감이 생기면서 동시에 침침했던 눈이 개운해지는 '리프레시'에도 그만이라 할 수 있죠.

실외 야외활동 중 건조하고 메마른 눈가에는 스쿠알란 보습스틱을 발라줍니다. 보습의 여왕 스쿠알란을 70% 함유한 스틱은 빠른 흡수와 가벼운 오일감이 장시간 지속되는 것이 장점이에요. 건조한 바람이 부는 봄철 야외활동 중에는 정말 요긴한 아이템이에요.

맨얼굴로 출근하는 날은 스쿠알란 보습스틱과 비타민스틱을 번갈아 가며 사용합니다. 비타20 파워스틱은 순수 비타민C를 최대 함량 담아낸 미백스틱이에요. 하지만 식물성 오일이 보습효과까지 부여하는 스마트한 뷰티제품이에요. 일상 중 수시로 발라주면 눈가 주름은 물론 눈가와 광대 주변에 올라온 기미, 잡티까지 동시에 케어할 수 있는 제품이죠.

저의 일상 속 눈가 주름 관리를 요약하자면 간단합니다. 아이링클 솔루션으로 눈가 마사지와 수분 보충을 하고 스쿠알란 스틱으로 오일 보습을, 비타20 파워 스틱으로 미백관리를 해주는 거죠.

홈케어를 해보니 중년에 피부는 하나만 잘한다고 좋아지는 게 아니더라고요. 우선 올바른 생활습관으로 피부의 신진대사를 원만히 해야 하고, 수시로 충분한 수분과 영양을 공급하면서 지속적인 관리를 해 줘야 제대로 된 중년 피부관리의 효과를 얻을 수 있더라고요.

아무리 몸에 좋은 음식도 지나치면 독이 돼요. 건강을 위해서는 충분한 물과 다양한 영양소를 골고루 매일 섭취해야 하는 것처럼 우리 중년 피부도 다방면에서 관리의 손길이 필요해요. 피부의 기초체력을 다지는 코어 관리부터 주름과 탄력, 미백관리까지 하나하나 살펴야 비로소 조화로운 중년의 미모가 지켜집니다.

매일 한가지씩 홈케어로 관리하다 보면 매 순간 조금씩 달라지는 피부의 변화를 경험하게 될 거예요. 그런 시간이 하루, 한 달, 1년 쌓여 대단하고 놀라운 중년 주부의 변신을 가능케 하지 않을까요?

평생을 살면서 우리 모두는 늘 아름답게 살기를 꿈꾸고 소망해요. 하지만 온전한 나로 돌아가는 여자의 시간은 저절로 주어지는 행복은 아닌 것 같아요. 아름답게 늙기를 간절히 원하고 스스로 관심을 가지고 꾸준히 관리할 때 중년 주부의 아름다움은 빛이 나는 것 같아요.

좋은 옷도 옷장에 묵혀 두면 한낱 헝겊 덩어리에 불과합니다. 이제 스스로 관리하고 가꾸며 진정한 나의 진정한 가치를 먼저 알아봐 주세요. 여자로 살아가는 즐거움을 더하면 평범한 일상이 조금은 더 특별해질 거예요.

# '중년주부' 피부의 품격 "광채에 광채를 더하다"

"꽃은 향기로 존재를 알리고, 아기는 미소로 행복을 전하며,
중년 주부는 피부로 인생을 말합니다"

아직도 향기로운 삶을 꿈꾸는 중년 아줌마입니다. 화려하지 않아도 그윽한 향기를 품은 꽃처럼 묵묵히 제 몫을 하며 행복과 기쁨을 전하는 중년으로 나이 들길 소망합니다.

첫 사업은 의류 쇼핑몰이었습니다. 저에게 옷은 가장 익숙하고 편안한 친구였어요. 어려서부터 엄마가 운영하시던 의류샵에 오래 머물며 옷과 친해졌고, 자연스럽게 예쁘게 꾸미고 가꾸는 일에 관심을 갖게 됐습니다.

여자를 변신시키는 것은 옷이 아니라 '스타일'이라는 것을 이미 어릴 때부터 느꼈던 것 같아요. 멋진 스타일은 옷에 어울리는 액세서리와 가방, 구두가 조화를 이룰 때 완성된다는 것, 옷과 장신구뿐만 아니라 나 자신이 가진 본연의 아름다움이 갖춰졌을 때 '태(態)'가 난다는 것을 일찌감치 깨달았던 것 같아요.

지금도 저는 '촌스럽지 않은 스타일'과 '고급스러운 분위기'를 가장 중시합니다. 투 머치(Too Much)보다는 베이직(Basic)하고 심플(Simple)한 스타일을 좋아하고, 그 옷에 어울리는 메이크업과 헤어스타일로 자신만의 고유한 멋을 표현해

야 한다고 생각해요.

결국 스타일의 완성은 나 자신을 꾸미는 것으로 마무리되어야 한다는 말인데요. 이런 외적 관리는 평소 꾸준한 관리로 좋은 피부 상태를 유지할 때 훨씬 좋은 결과를 안겨주는 것 같아요.

평범한 워킹맘으로 살면서 멋지게 꾸미고 화장하는 날이 흔치는 않잖아요. 어쩌다 한 번 힘껏 차려입고 변신하는데 화장이 잘 먹지 않거나 얼굴이 늙어 보이면 참 속상하죠. 특히 탄력 있고 건강한 피부는 최근 제가 가장 중요하게 생각하는 부분입니다.

흔히 '피부만 좋아도 귀티가 난다'라고 하잖아요. 나이를 먹고 보니, 잡티 없이 희고 깨끗한 얼굴이 주는 맑은 이미지나 탄력 있고 매끄러운 피부에서 비롯한 우아하고 고급스러운 분위기는 그냥 주어지는 게 아니더라고요.

특히 촉촉한 '수분 광채'는 매년 더 욕심이 나는 요소 중 하나입니다. 얼굴의 각도에 따라 은은하게 빛나는 피부 '광(光)'은 관리의 결실이라 해도 과언이 아니에요.

촉촉한 피부에서 비롯한 잔잔하고 자연스러운 '빛'이라고 해야 할까요? 피부 표면은 보송보송하지만 얼굴의 윤곽을 따라 살짝살짝 보이는 윤기가 있잖아요. 주로 이마나 볼, 광대 등에 살포시 떠오르는 광이요.

이런 광채가 올라오면 피부도 훨씬 탱탱해 보이고 얼굴에 생기가 도는 것 같아서 참 보기가 좋죠. 평생 건성피부였던 저에게 피부 광채는 언제나 욕심나는 '미지의 영역' 중 하나이기도 했어요. 그리고 그 욕심은 40대에 시작한 홈케어를 통해 비로소 완성되었습니다.

젊음과 탄력의 상징인 피부광은 어떻게 얻을 수 있을까요? 저는 홈케어 화장품으로 그 답을 찾았습니다. 그 중 비브이비랩의 '광채스틱' 스쿠알란 세럼스틱과 아로셀의 꿀잠앰플 '피니쉬 밀키드롭 앰플' 조합은 홈케어 입문자분들께 강력 추천하고 싶습니다.

비브이비랩의 스쿠알란 세럼스틱은 고체밤으로 제작된 보습스틱입니다. 1초에 2㎜씩 흡수되는 '보습의 여왕' 식물성 스쿠알란을 70% 함유한 고보습 제품으로 미백 및 주름개선 기능을 가지고 있어요.

피토 스쿠알란과 잉카 오메가 오일, 5중 세라마이드 등의 식물 유래 성분이 모공 막힘 없이 피부 안쪽으로 빠르게 흡수되는 것이 제일 큰 장점이고요. 피부 온도에 반응하듯 사르르 녹는 부드러운 발림성이 정말 뛰어난 아이템이에요.

평소 립밤처럼 휴대하고 다니면서 눈가나 입가, 이마, 볼 등 건조한 부위에 수시로 발라주면 빠르게 싸악 흡수되면서 은은한 '물광'이 지속됩니다. 건성타입인 제 피부에 얇게 한 번씩 발라도 오일 세럼을 바른 듯 촉촉함이 오래 지속되더라고요.

여기에 조금 더 강력한 광채감을 부여하고 싶을 때는 스쿠알란 세럼스틱 위에 '피니쉬 앰플'을 한 방울 덜어서 발라 줍니다. 오일 세럼으로 속보습을 하고 그 위에 촉촉한 수분막을 씌워 주는 개념인데요. 물기를 머금은 듯한 물광피부의 화룡정점이라 할 수 있죠.

피니쉬 앰플은 묽은 수분세럼 타입 앰플이라 사용감이 가벼운 반면 즉각적으로 얼굴에 수분광이 생기는 제품이에요. 우유 단백질과 멜라토닌이 주성분으로 피부 보습과 미백, 탄력 증진에 도움을 주죠.

기초스킨케어 마지막 단계에서 한 방울만 발라도 강력한 효과를 느낄 수 있는 '광채케어 잇템'이라 스쿠알란 세럼 스틱과 함께 사용하면 궁합이 정말 잘 맞아요.

"물건은 사람의 손길이 닿을수록 반질반질 빛이 나고, 중년 주부의 피부는 스스로를 아끼고 사랑할수록 반짝반짝 광이 납니다"

홈케어를 시작하고 화장품과 가까이 지내면서 '세상 참 좋아졌다'라는 생각을 자주 합니다. 불과 10년 사이 뷰티 시장이 눈에 띄게 커졌고, 그만큼 좋은 성분의 안전한 화장품이 많이 출시되고 있어요.

이제는 화장품 하나만 잘 발라도 좋은 피부를 가질 수 있고 집에서도 전문가 수준의 스킨케어를 할 수 있잖아요. 줄기세포앰플이나 보톡스 크림, 연어주사앰플 등 바이오 화장품으로 홈케어하는 저도 그 수혜자 중 한 명인데요.

한창 예뻤던 20~30대에도 무심했던 스킨케어를 40대에 직접 해보니 참 많은 생각이 듭니다. 우선 영원한 아름다움은 없지만 영원히 아름다울 수는 있다는 믿음이 생겼고요. 피부는 분명 노력하는 만큼 좋아질 수 있다는 확신이 생겼습니다.

무엇이든 시작하기에 늦지도 이르지도 않는 때가 바로 '중년'이 아닐까 싶어요. 적당한 인생의 경험과 함께 젊음의 열정도 아직 식지 않은 '가장 좋을 나이' 말이에요. 그래서 저는 제 청춘의 클라이막스는 지금이라는 생각으로 행복한 꿈을 꾸고 매일 꾸준히 관리를 합니다.

젊음은 노력하는 만큼 지켜지고, 중년 여자의 미모는 관리하는 만큼 빛이 난다고 생각합니다. 즐겁게 일하고 멋지게 나이 들어가는 중년을 꿈꾸는 아줌마! 재즈민과 함께 '아름다운 중년 일상'을 함께 꾸려 보실래요?

# 빛나는 중년 피부,
# 한 방울 '광' 앰플로 피니쉬!

"빛은 아름다움을 밝히고,
'광'의 아름다움은 중년의 멋을 더합니다"

중년의 '멋'이란 무엇일까요? 불혹이 지나고 보니 나이는 숫자에 불과하다는 말이 부쩍 와 닿아요. 엄마로, 사업가로 현재에 충실하고 있지만, 가슴 한쪽에는 소녀 같은 마음이 살고 있어요. 거울을 보면 훌쩍 나이 들어 버린 중년의 아줌마지만, 마음만큼은 여전히 풋풋한 청춘이라고 해야 할까요? (웃음)

매년 찾아오는 봄은 언제나 사랑스럽잖아요. 이런 봄처럼 변함없이 아름다운 중년의 여자로 무르익고 싶은 마음은 누구나 똑같을 것 같아요. 가족의 건강과 행복을 위해 열심히 살고 있지만, 이젠 더 늦기 전에 중년의 '나 자신도 좀 더 가꾸고 보살펴야 할 때가 아닐까'라는 생각이 강하게 드는 것 같기도 해요.

저에게 홈케어는 오늘의 나를 위한 휴식의 시간이자 더 예쁜 할머니로 늙기 위한 나 자신의 투자인 것 같아요. 가족을 위해 내 일에 책임을 다하느라 정작 나 자신에게 소홀할 때가 많잖아요. 현실의 삶에 익숙해져 무기력한 삶을 살고 있는 건 아닌지 쓸쓸한 기분이 들 때 홈케어는 제게 오랜 친구처럼 편안한 위로가 되어 줍니다.

그렇게 한 단계, 한 단계 완성 중인 저의 홈케어 루틴의 마지막 단계는 '광 앰플'입니다. 마지막 단계에 광 앰플 관리가 좀 낯설게 느껴질 수도 있을 텐데요. 아로셀 밀키드롭 피니쉬 앰플은 중년 기초스킨케어의 마지막 단계에서 바르는 제품이에요.

투명한 우윳빛깔 앰플은 세럼 타입의 '광채앰플'입니다. 발림성이 가볍고 산뜻해서 크림 위에 덧발라도 '싸악' 흡수되고요. 스포이드로 딱 한 번! 한 방울만 발라줘도 메마른 피부에 촉촉한 물광 효과를 느낄 수 있습니다.

이 제품은 멜라토닌이 주성분으로 마치 숙면한 듯 화사한 피부를 만들어 줍니다. 일명 '숙면 호르몬'이라 불리는 멜라토닌은 강력한 항산화 성분으로 활성산소를 제거해 피부의 회복과 재생을 촉진해 준다고 해요. 또한 피부와 유사한 성질을 지닌 우유 단백질을 추가해 피부에 보습과 탄력 증진에도 효과를 얻을 수 있죠.

때문에 바쁜 아침 맨얼굴로 출근할 때는 광채감 부여를 위해 피니쉬 앰플을 한 방울씩 사용하고요. 밤에는 낮 동안 손상된 내 피부 회복을 위해 피니쉬 앰플을 2~3방울 넉넉히 바르고 잠을 청합니다.

중년은 새로운 꿈을 꾸며 사는 나이라고 하잖아요. 뜨거웠던 젊은 날의 꿈은 아득한 과거처럼 멀게만 느껴지고, 오로지 가족과 아이들에 대한 생각이 마치 나의 삶이 되어버린 것 같은 기분이 들어요. 가슴에 담긴 꿈을 대부분 눈으로 보며 마음에 작은 위안을 삼곤 하죠.

하지만 나를 포기하기엔 아직 이른 나이가 중년이 아닐까 저는 생각합니다.

잃어버린 나를 곱게 접어 가슴에 담아두고 앞으로 살아갈 날들을 꿈꾸고 이루기에도 부족한 '좋은 때' 역시 중년이 아닐까요?

태어날 때부터 가진 것들로 한 시절을 보냈다면, 이젠 스스로를 만들어 갈 때! 저는 그 아름다운 중년 이후의 인생을 위해 우선 저 자신을 사랑하는 일부터 실천해 보자고 이야기하고 싶네요.

꿈꾸는 여자는 늙지 않고,
사랑에 빠진 여자는 예뻐진다고 하잖아요.
꿈꾸는 중년은 늙지 않아요!

저희에게 남겨진 인생의 2막은 '나를 사랑하며 꿈꾸는 중년'이 되어 보았으면 해요. 그리고 그 안에서 크고 작은 행복도 함께 느끼실 수 있었으면 너무 좋겠습니다.

#04

# 내면까지 뷰티풀

# 중년을 위한 '0단계' 건강관리!
# 매일매일 '효소' 충전

"평생 행복은 건강한 몸에서,
평생 미모는 편안한 몸속에서 비롯합니다"

100세 시대를 살고 있습니다. 의학기술의 발달로 수명이 길어짐에 따라 인생은 60부터라는 말이 나올 정도예요. 때문인지 요즘은 중년에 헌신적으로 자기관리 하는 분들이 점점 늘어나는 추세예요. 이런 관리 덕분에 중년 이후에도 젊고 활기차게 지내시는 분들이 많아요.

저도 건강관리만큼은 절대 소홀하지 않으려고 헌신하는 주부입니다. 제 건강이 무너지면 가정도 드프랑도 흔들린다는 책임감 때문이에요. 또한 평생 즐겁게 살고 싶은 제 중년의 소망이기도 합니다. 그래서 아무리 바빠도 식사는 거르지 않고, 시간이 날 때마다 운동을 하며 몸속 건강을 위해 효소 등 이너케어 제품을 꼭 챙겨 먹어요.

저는 새벽 5시에 출근해 저녁 8시쯤 퇴근합니다. 저녁에는 아이들과 시간을 보내고, 조용한 밤부터 새벽까지 글을 씁니다. 늘 잠이 부족한 편이라 운동과 이너케어 제품들로 체력을 보충하고 있죠.

이너뷰티 제품들은 그때그때 몸 상태에 따라 조금씩 바꿔가며 먹고 있는데요. 천연효소와 보장균수가 확실한 유산균, rtg오메가3, 종합비타민은 항상 챙겨 먹습니다. 그중 효소는 최근 들어 그 중요성을 깨닫고, 열심히 먹고 있는 이너케어 제품이에요.

효소는 원래 우리 체내서 생성되는 물질이에요. 체내 화학작용을 돕는 '촉매제' 역할을 하며 신진대사 및 장내 환경을 조화롭게 가꿔주죠.

체내 독소가 혈관을 통해 몸에 쌓이면 만성피로와 피부 트러블을 유발해요. 매일 자고 일어나도 피곤하고, 자주 속이 더부룩하다면 '체내 효소 부족'을 의심해 봐도 좋습니다.

저는 하루 2번 '바지오 위라이크 효소'로 부족한 체내 효소를 보충하고 있습니다. 위라이크 효소는 곡물 발효 효소식품 분야 국내 일인자로 유명한 전진성 박사님 회사에서 개발한 몸속 대사 전문 효소예요.

화학적 정제효소를 첨가하지 않은 100% 천연 곡물 발효효소로, 합성 보존료, 합성 착향료, 합성색소, 설탕 및 소금, 일본산 원료 등을 전혀 사용하지 않았어요. 그야말로 우리 몸에 안전하고 순수한 효소식품이라 할 수 있어요.

현미를 비롯한 국내산 천연 통곡물을 엄선해 자체 개발한 기술로 발효시켜 만든 천연효소는 음식물을 분해해 장내 독소 및 내장지방 생성을 억제해 줍니다. 또한 식이섬유가 풍부한 원곡물의 영양성분이 장내 유익균을 증식시켜 장을 깨끗하고 윤택하게 만들어 주죠.

식후 더부룩한 속이 편안해지고 뱃속이 가벼워지니까 일상을 대하는 제 마음도 가뿐해지더라고요. 1달 정도 꾸준히 섭취하자 아침 컨디션이 눈에 띄게 좋아졌어요. 피곤하면 하나씩 올라오던 뾰루지도 이젠 잊고 지내고 있습니다.

스틱타입으로 개별 포장되어 휴대하고 다니며 섭취하기 좋아요. 상큼한 베리맛과 향을 가미한 효소는 가루가 아니라 작은 입자 타입으로 만들어져 목 넘김이 부드럽고 바삭바삭한 식감까지 느낄 수 있죠. 단맛이 거의 없기 때문에 저는 사무실에서 간식 대신 먹기도 해요.

우리가 먹는 음식이 곧 중년의 건강으로 직결된다는 사실 아시죠? 저는 효소만큼은 꼭 내 몸에 좋은 성분을 담은 안심할 수 있는 대사효소를 선택해야 한다고 생각해요. 나와 내 가족의 평생 건강을 책임진다는 생각으로 늘 먹는 것만큼은 신경 쓰는 우리네 엄마의 마음이죠.

나와 내 가족의 무병장수를 기도하는 마음은 모든 중년 주부라면 누구나 똑같은 심정이지 않을까요? 저는 그 '중년의 건강관리'의 시작을 '대사효소'로 시작해 보라고 권해 드리고 싶습니다.

아무리 좋은 화장품도 피부에 흡수되지 않으면 소용없듯, 몸에 좋은 음식과 영양제도 내 몸의 바탕이 갖춰지지 않으면 무용지물이잖아요. 보이지 않는 중년 몸속 환경을 깨끗하고 쾌적하게 만들어 주는 대사효소 관리가 건강을 위한 '기초 중의 기초'라고 생각해요.

중년의 속은 편안하게,

중년의 몸은 가뿐하게,

중년의 일상은 행복하게!

내 몸속 건강까지 챙기는 중년 라이프를 시작해 보는 것은 어떨까요?

# 중년 몸매 관리! 파란병 다이어트로 '쉽고 안전하고 건강하게'

"넘치는 식탐이 중년의 몸매를 망치고, 독한 다이어트가 건강을 망칩니다."

여자라면 살면서 누구나 한 번쯤 다이어트를 생각해 본다고 했던가요? 저도 최근 들어 체형 관리에 관심이 많은 아줌마입니다. 일명 '나잇살'이라고 부르는 팔뚝 살, 등살, 뱃살 등의 군살 때문인데요.

저는 어려서부터 아무리 먹어도 살이 찌지 않는 체질이었어요. 평생 체중감량은 계획해 본 적이 없었고, 먹고 싶은 음식을 마음껏 먹고 살았죠.

타고난 체질을 믿고 너무 방심한 탓일까요? 체중은 여전히 40kg 중반 정도를 유지하고 있지만, 바디라인은 이전과 확연히 달라지기 시작했어요.

가녀렸던 팔에 살이 붙기 시작했고, 허리가 밋밋해졌어요. 그뿐인가요. 엉덩이 아래쪽에 살이 붙으면서 힙 라인이 무너지고 있더라고요. 특히 덜렁덜렁 처진 겨드랑이 안쪽 팔뚝 살과 부유방은 여름철 더 눈에 띄는 부분이라 늘 마음이 쓰이는 것 같아요.

저는 직업 특성상 사진이나 영상 촬영이 잦은 편인데요. 체형이 드러나는 원피스나 민소매 의상을 입으면 군살이 도드라져 보여서 무척 신경이 쓰입니다. 연예인처럼 마르고 탄탄한 몸매를 기대하는 것은 아니지만, 옷맵시를 망치는 '볼록살'과 '처진살'은 빼고 싶더라고요.

더불어 저처럼 운동량이 거의 없는 데다 탄수화물 위주의 식단을 선호하는 경우라면 체중이 적게 나가도 근육량이 현저히 떨어지는 '마른 비만'을 의심해 봐야 한다고 해요.

마른 비만이 과체중보다 더 위험하다는 사실은 다들 아시죠? 체내 지방량이 많은 마른 비만은 일반인에 비해 각종 대사질환에 걸릴 확률이 높을 뿐만 아니라 수명을 단축시키는 원인이 된다고 합니다. 중년 이후 건강을 위해서도 다이어트를 해야겠다 마음먹게 됐죠.

중년의 다이어트는 절대 굶으면서 성공할 수 없어요. 한 끼만 걸러도 체력이 뚝 떨어지는 시기라 적당히 먹으면서 운동을 병행하는 게 최선이죠. 특히 식단은 고단백 식이섬유 위주로 먹어야 좋다고들 하는데요.

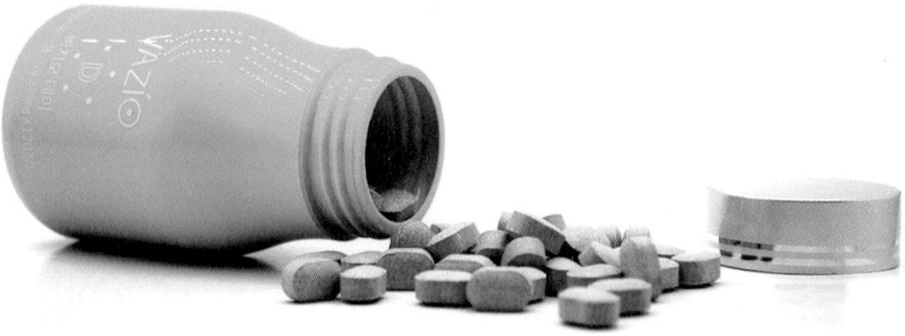

막상 관리를 결심해도 탄수화물을 아예 끊기란 쉽지 않은 것이 현실이에요. 특히 저처럼 파스타와 빵 등의 밀가루 음식을 즐겨 먹는 경우에는 '건강한 식단'이 너무 힘든 숙제처럼 느껴지기도 해요.

먹는 즐거움을 포기하지 않으면서, 먹은 죄책감을 덜 수 있는 좋은 방법이 없을까? 체형관리를 결심하고 식단으로 고민하던 저의 선택은 파란병 다이어트 보조제 '바지오데이'였습니다.

바지오데이는 글로벌 건강기능식품 전문기업 노바렉스가 철저한 검증과 임상실험을 통해 제작한 건강기능식품이에요. 면역증강 및 세포보호, 항산화, 체지방 감소, 탄수화물 커팅 등 5중 기능성 식품으로 식품의약품안전처에서 인증을 받은 믿을 수 있는 제품이죠.

몸에 좋은 영양분 섭취는 물론 체지방 분해를 돕고 탄수화물이 지방으로 합성되는 것을 막아주기 때문에 무작정 굶지 않고도 다이어트 효과를 기대

할 수 있어요. 저 같은 빵순이, 밥순이들에게는 정말 요긴한 제품이 아닐까 해요.

바지오데이는 1회 2정씩 하루 2번 섭취합니다. 목 넘김이 부드러운 작은 정제 타입이라 먹기 편리하고 맛과 향이 느껴지지 않아 호불호가 덜해요.

식전 또는 식후에 2알씩 먹어주면 우선 화장실 가는 시간이 즐거워집니다. 제품에 함유된 알로에 전잎과 유산균이 배변활동을 촉진시켜 주기 때문에 종일 가벼운 몸 상태가 유지되죠.

그다음 나타나는 몸의 변화는 몸의 활력입니다. 바지오데이 하나만으로 '몸매'와 '건강'을 동시에 지킬 수 있어요. 바지오데이는 아연과 셀렌을 비롯한 비타민, 유산균, 칼슘 등의 영양성분을 함유한 '면역 다이어트' 제품이에요.

고강도 운동과 식단 관리 중 부족하기 쉬운 비타민과 미네랄 보충은 물론 항산화와 면역증진까지 챙길 수 있어서 저는 영양제를 먹듯 바지오데이를 챙깁니다.

40대가 되고 보니 '건강을 망치는 다이어트'는 하고 싶지도 권하고 싶지도 않아요. 결국 다이어트도 건강하고 행복하게 살려고 하는 관리인데, 이왕이면 내 몸에 좋은 영양소를 채워주는 제품이 좋잖아요.

건강을 위해서, 날씬해지려고, 멋진 몸매를 만들기 위해서 등 여자라면 누구나 한 번쯤 다이어트를 결심해 보셨을 텐데요. 어떤 이유로 다이어트를 다짐했든, 그 결심을 꾸준히 지속하기가 참 어려운 것 같아요.

저 역시 평생 입으로만 다이어트를 해 온 40대 아줌마지만 올봄에는 '건강한 다이어트'로 군살을 정리해 보려고 해요. 본격적으로 다이어트에 올인할 수는 없지만 '파란병 다이어트 맛집'을 가까이하다 보면 올여름에는 얇아진 옷차림만큼 슬림해진 팔뚝과 허리를 만날 수 있지 않을까요?

무언가 원하는 것을 가장 빨리 얻는 방법은 '실천'이라고 합니다. 백번 생각하는 것보다 한 번의 실천이 낫다는 말도 있잖아요. 군살 없이 건강하고 날씬한 몸매를 소망하시나요? 그럼 작은 것부터 당장 행동으로 옮겨 보세요. 중년의 변화는 행동 속에서 시작됩니다.

## 가족의 '건강'을 위한 이너케어
## "사랑한다면, 먼저 챙기세요"

"우린 엄마를 통해 세상에 태어나, 엄마의 보살핌 속에서 피어나고, 엄마가 됩니다
또 울 엄마와 함께 나이 들어가며, 인생을 배웁니다"

세상에서 가장 따뜻한 말은 무엇일까요? 저는 주저 없이 '엄마'라고 말할 것 같아요. 엄마라는 말이 주는 온도는 언제나 포근하고 다정해요. 기쁠 때 제일 감사하게 되는 사람도, 슬프고 힘들 때 제일 먼저 생각나는 사람도 엄마인 것 같아요.

어릴 때는 엄마가 무척 멋있어 보였어요. 일할 때만큼은 호탕한 성격에 맺고 끊음이 확실한 여장부셨지만 하나뿐인 딸에게는 한없이 너그러운 엄마였고, 누구보다 자식 농사에 열정적인 부모님이셨죠. 일과 육아 어느 한쪽도 소홀함이 없으셨던 슈퍼우먼이셨어요.

저를 낳고 난 뒤로는 거의 꾸미지 않고 사셨지만, 꾸준한 관리로 피부와 몸매를 유지해 오신 '원조 관리녀'이기도 해요. 화장은 안 해도 천연팩을 즐겨 하셨고, 옷차림과 몸가짐만큼은 항상 정갈함을 잃지 않으셨죠.

무엇이든 대충이 없고, 매사에 낙천적인 성격은 제가 친정엄마에게 물려받은 가장 큰 재산이에요. 또한 트러블 없이 깨끗한 피부나 살찌지 않는 체질,

체격에 비해 볼륨 있는 체형도 모두 엄마께 물려받은 것이에요.

저를 위해서라면 무엇이든 발 벗고 나서시던 엄마는 지금도 제 곁에서 저와 저의 두 아이들을 돌봐주고 계세요. 일흔이 넘는 나이에 몸 여기저기가 불편하신데도 불구하고 항상 '철부지 딸의 밥 한 끼'를 염려하시는 엄마를 보면 늘 고맙고 죄송스러운 마음이 앞섭니다.

예나 지금이나 엄마는 '남다른 모성애'로 절대적인 사랑을 쏟아주시는 분이세요. 오직 저를 위해 헌신하시는 '엄마' 그 자체죠. 하지만 오래된 사진 속에 기록된 스무 살의 엄마는 지금의 저보다 훨씬 앳되고 예쁜 '여자'였더라고요.

탐스럽게 피어난 꽃처럼 활짝 웃고 있는 젊은 시절의 엄마를 보면 살짝 눈시울이 붉어집니다. '엄마도 예쁜 여자였구나'하는 생각과 함께 '나는 엄마의 젊음을 먹고 자란 귀한 딸이었구나'하는 깨달음이 밀려옵니다. 그리고 지금까지도 딸의 뒷바라지를 하고 계신 엄마께 한없이 미안한 마음이 되죠.

딸과 엄마는 나이가 들면 좋은 친구 사이가 된다고 했던가요? 중년의 딸과 노년의 엄마는 거의 매일 투닥대며 자매처럼 친구처럼 지냅니다. 두 아이를 낳고 중년이 됐지만 저는 여전히 투정이 많은 딸인 것 같아요.

다만 한 가지 달라진 것은 저도 엄마가 됐고, 노화와 건강을 관리할 나이가 됐다는 거예요. 체력이 떨어지고 하나둘 아픈 데가 생길수록 저보다 엄마 걱정을 먼저 하게 되더라고요. 영양제 하나를 사도 엄마에게 필요한 것들에 먼저 눈이 가고, 제가 먹어보고 좋은 제품은 무조건 엄마께 추천하게 돼요. 이런 걸 '함께 늙어 간다'라고 하나 봅니다.

엄마는 올해 74세가 되세요. 연로하신 나이 탓인지 관절 통증과 소화불량으로 자주 고생하시는데요. 이런 증상은 늙어서 생기는 만성질환이라며 대수롭지 않게 여기세요. 평생 엄마께 기대어 의지한 저로서는 무척 죄송스럽고 저라도 엄마의 건강을 챙겨야겠다 싶어지죠.

제가 저희 엄마의 건강을 위해 챙기는 대표적인 건강식품은 여성 유산균과 대사효소 그리고 가수분해 단백질 음료 '프로틴팝'입니다.

장과 질에 좋은 유산균으로 체내 유익균을 늘려주고, 몸의 대사작용을 촉진하는 발효효소로 체내 독소를 관리하면서 '건강한 몸의 바탕'을 만들고, 여기에 흡수율이 우수한 '양질의 단백질'을 섭취해 몸에 필요한 영양을 공급해주는 거예요.

중년 이후 여자 건강은 균형 잡힌 영양 보충과 운동 그리고 쾌적한 위장 환경 조성이 필수적이라고 해요. 소화 기능이 떨어지고 장내 유해균이 많아지면, 영양소 흡수율도 낮아지고 체내 독소 생성을 촉진해 각종 면역질환과 성인병에 걸릴 위험을 높이기 때문이죠.

특히 저희 엄마처럼 연로하신 부모님의 경우에는 '영양섭취'에 더욱 신경 써야 해요. 위장의 소화기능이 현저히 떨어진 상태기 때문에 단백질 하나도 흡수율과 흡수도가 뛰어난 제품을 골라야 제대로 된 영양관리가 가능하죠.

제가 유독 프로틴팝을 친정엄마께 권하는 이유도 바로 이 '흡수율' 때문이에요. 여성 전용 단백질 음료인 프로틴팝은 입자가 큰 단백질을 작은 입자로 쪼개놓은 '가수분해 유청 단백질'을 함유한 제품이에요.

가수분해 단백질은 일반 단백질에 비해 월등히 뛰어난 소화력과 흡수력을 자랑합니다. 이는 우수한 성능만큼 가격도 비싸서 시중에서는 보기 드문 '고급 단백질'이기도 해요. 시중에 나온 다른 제품과 달리 프로틴팝이 특별한 이유도 이것 때문이라 할 수 있죠.

프로틴팝은 비만과 다이어트 분야의 NO.1 전문가로 통하는 박용우 박사님이 개발한 '여성 전용 단백질 보충제'에요. 단백질을 포함한 비타민과 미네랄, 유산균을 함유하고 있어서 관리하는 여성들이 식사로 놓치기 쉬운 영양분을 골고루 채워준다고 해요.

저희 엄마처럼 꾸준한 영양 섭취가 필요한 노년기 여성은 물론 다이어트로 식단관리하시는 분들에게 안성맞춤이죠. 또한 나트륨 가미를 최소화하고, 설탕을 가미하지 않아서 건강하게 '단맛'을 즐길 수 있어 탄산음료나 커피 대신 마셔주셔도 좋아요.

저희 모녀는 한 포 15g의 분말로 제작된 프로틴팝을 하루 2~3회 식사 중에 마십니다. 부드러운 탄산이 더해진 상큼하고 달달한 파인애플 맛 음료라, 저희 엄마는 물론 아이들도 너무 좋아해요. 당초 엄마와 저의 단백질 보충제로 시작했지만 이젠 온가족의 애정템이 돼서 한 달 치 이상 넉넉하게 구비해 두고 있어요.

태어나서 지금까지 늘 곁에 계셨던 엄마예요. 그 익숙함에 길들여져서 어릴 땐 '엄마의 소중함'을 모르고 살았던 것 같아요. 엄마니까. 받는 게 당연한 줄 알았고 항상 강인하신 분이라고 생각했죠.

막상 제가 엄마가 되고 엄마의 나이든 모습을 보니 '엄마도 연약한 여자'였다는 사실을 알 것 같아요. 그리고 엄마의 딸로 사랑받으며 살아갈 날들이 영원할 수 없다는 생각에 하루하루가 너무 소중하기만 합니다.

우린 누군가의 엄마이기 이전에 누군가의 딸이잖아요. 우리에게 엄마는 나를 나보다 더 사랑해 주는 세상의 유일한 존재가 아닐까 싶어요. 너무 가까워서 "사랑한다" 말 못하고, 먹고살기 바빠서 멀어져도 엄마는 늘 '자식생각'을 한다고 하잖아요.

이런 엄마의 내리사랑에 일일이 보답할 수는 없지만, 감사하고 사랑하는 마음은 꼭 전하려고 해요. 조금 쑥스럽지만 '사랑한다', '감사하다' 더 자주 표현하고, 작은 것이라도 먼저 챙기며 자식 노릇을 해보려고요.

오늘은 사랑하는 엄마에게 전화 한 통 해 보는 건 어떨까요? 그리고 평생을 바쳐 키워주신 친정엄마의 건강한 노후를 염원하는 마음을 담아 '작은 선물'을 준비해보는 것도 좋겠습니다. 미루고 머뭇대기에 시간은 우리를 기다려 주지 않으니까요.

## 중년 주부의 건강관리 노하우
## "단백질 섭취! 소화와 흡수가 관건!"

"타고난 젊음은 서서히 시들지만,
노력으로 얻은 건강은 평생 함께합니다"

모든 중년 주부님들은 낭비 없는 삶을 살고 싶어 하십니다. 누구에게나 하루는 24시간이지만 그 시간을 활용하는 방법은 다 다르잖아요. 저는 하루를 최대한 길게 쓰고 싶어요.

오늘은 일생에 단 하루뿐이고 인생은 단 한 번뿐인데 멍하니 흘려 버리기엔 지금 이 순간이 너무 아깝고 소중하더라고요. 그래서 저는 잠을 조금 줄이고, 분 단위로 계획을 세우며 빈틈없이 알찬 하루를 보내려고 노력하는 편입니다.

어려서부터 타고난 활동가 성향이라 평소 잠과 휴식이 부족하다는 생각은 거의 못 하고 지냈던 것 같아요. 다만 긴 하루를 보내는 만큼 체력소모가 큰 편이라 스트레스 조절과 영양 관리에 열정적인 편입니다.

하루 세 끼 식사는 가급적 꼭 먹으려고 하고 영양제는 항상 구비해 두고 있어요. 그중 여성 유산균과 효소, 단백질 보충제는 저와 저희 가족이 매일 잊지 않고 챙겨 먹는 헬스푸드입니다. 특히 단백질 식품은 휴대하고 다닐 정도로 애착을 갖고 있는 영양소예요.

저를 비롯해 함께 살고 계신 친정엄마와 두 아이들에게도 단백질은 꼭 필요한 '필수 영양소'이기 때문입니다. 뼈와 근육을 구성하는 단백질은 성장기 아이들의 발육과 발달에 사용된다고 해요. 저희 집 남매가 아담한 엄마보다는 더 크길 바라는 마음이 커서, 아이들이 먹는 음식만큼은 단백질 위주로 먹이고 있어요.

저와 친정 엄마는 보다 특별한 단백질 음료로 부족한 단백질을 섭취합니다. 바로 가수분해 유청단백질 음료 '프로틴팝'이 그 주인공입니다.

가수분해 유청단백이란 입자가 큰 단백질을 잘게 쪼개서 소화·흡수율을 최대로 높인 고급 단백질을 말해요. 흡수가 빠른 단백질이라 패스트 프로틴(Fast Protein)이라고 불리는 유청단백을 더 작은 입자로 분해한 만큼 흡수도, 흡수율, 생물가가 가장 우수한 반면, '비싸서' 널리 쓰이지 못하는 단백질 원료 성분이라고 해요.

단백질은 입자가 커서 나이가 들수록 소화 흡수가 잘 안 된다고 해요. 때문에 중년 이후부터는 '단백질을 얼마나 먹었느냐'보다 '단백질을 얼마나 흡수했느냐'가 중요한 점검 포인트가 된다고 하더라고요.

이런 사실을 알고 나니 프로틴팝은 40대인 저와 70대인 친정엄마를 위해 개발된 단백질 음료 같았어요. 아무리 양질의 고함량 제품이라도 내 몸에 흡수되지 않으면 무슨 소용이에요. 특히 매일 저를 대신해서 손주들을 돌보느라 노년까지 고생하시는 엄마를 위해서라도 '흡수가 잘 되는 가수분해 단백질'이 필요하다는 생각이 들었죠.

바지오의 프로틴팝은 강북삼성병원 가정의학과 박용우 박사님이 직접 연구·개발한 레시피로 만든 '여성 전용 단백질 음료'입니다. 중년 이후 여성의 날씬하고 건강한 몸을 위해 단백질, 유산균, 비타민을 비롯한 각종 영양성분을 황금비율로 배합한 '올인원 건강음료'라 할 수 있죠.

박용우 박사님은 평생 비만 관리 및 다이어트를 연구하며 중년 이후 헬스케어 분야의 권위자예요. 다수 방송을 통해 간헐적 단식과 비만 관리 비법을 소개해 오셨고, 자신이 직접 다이어트에 성공하며 '몸짱의사'라는 별명을 얻으신 의료헬스케어계의 어벤저스로 통하죠.

박용우 박사의 오랜 노하우와 연구를 총망라한 레시피로 만든 여성전용 프로틴팝은 부드러운 탄산이 느껴지는 파인애플맛 음료입니다. 여성들의 건강한 다이어트를 위해 개발한 영양보충제품인만큼 맛과 향, 목넘김, 소화와 흡수율까지 꼼꼼히 고려해서 만드셨다고 해요.

때문인지 단백질 음료 특유의 텁텁하고 쓴맛이 전혀 느껴지지 않아서 휴대하고 다니며 물 대신 마시고 있어요. 저와 달리 입맛이 까다로운 저희 엄마도 식사 때마다 부담 없이 드시고요. 저희 집 남매들도 좋아해서 느끼한 음식을 먹을 때 탄산음료 대신 먹이고 있어요.

비록 단백질 음료 한 잔이지만 저에게 프로틴팝은 특별한 선물 같아요. 우선 매일 아침 식탁에서 온가족이 기분 좋은 하루를 시작할 수 있게 됐어요. 그리고 노후까지도 부족한 딸을 위해 고생하시는 저희 엄마께 무언가 챙겨 드릴 수 있다는 사실이 저를 정말 행복하게 만듭니다.

가족은 함께 음식을 나누는 사이라 '식구(食口)'라고 부른다고 하죠. 모든 엄마들의 마음이 그렇겠지만, 저는 그 소중한 식구들의 입에 들어가는 음식만큼은 좋은 것만 주고 싶어요. 사랑하는 사람들과 오래오래 함께하려면 우리 모두가 건강해야 하니까요.

항상 곁에 있어서 소중함을 몰랐고, 너무 가까운 사이라 편하게 대했던 가족이에요. 이젠 그 가족들의 건강과 행복을 위해 '좋은 먹거리'부터 함께 나눠 볼까 합니다. 그 맛있는 여정도 계속 지켜봐 주세요.

# 톡 쏘는 탄산의 짜릿함!
# '중년의 관리녀'는 상큼한 단백질을 마신다

"꾸준함이 즐거움을 만나면 더 큰 시너지를 냅니다"

중년의 내 몸을 위해 여러분은 얼마나 좋은 것들을 먹고 계신가요? 배고픔을 모르는 풍요로운 시대를 살고 있어요. 때문인지 요즘은 '너무 먹어서 탈'이라는 말도 생겨났죠. 이젠 '무엇을 얼마나 먹느냐'가 아니라 '무엇을 어떻게 먹느냐'에 더 많은 관심을 가져야 할 때가 아닐까 싶어요.

음식이 곧 건강이라는 말도 있잖아요. 이제 막 중년의 문턱을 넘어선 저도 먹는 것만큼은 최대한 몸에 좋은 것을 챙기고 있어요. 가급적 아침은 꼭 집에서 먹고 출근하고, 일할 때도 점심시간은 놓치지 않으려고 노력해요. 더불어 식사로 부족할 수 있는 영양소는 건강식품이나 보조제로 보충합니다.

저는 식성 자체가 '어린이 입맛'인데다 편식이 심한 편이에요. 육류 위주의 기름진 음식과 양식을 좋아하고 빵과 파스타 등의 밀가루 음식을 즐겨 먹죠. 아울러 밖에서 끼니를 때우는 날이 많기 때문에 채소와 과일을 자주 먹지 못하고, 식사가 불규칙한 편이라 영양 관리에 신경을 많이 쓰는 편이죠.

바쁘게 일하며 매일 균형 잡힌 식단을 섭취할 수는 없지만 단백질만큼은 꼬박꼬박 챙겨 먹고 있습니다. 중장년층 건강에 필수적인 영양소로 손꼽히는 단백질은 체내에서 합성되지 않기 때문에 음식으로 먹어서 보충해 줘야 한다고 합니다.

단백질은 뼈와 근육의 회복과 재생을 돕고 신체 활동에 필요한 에너지를 생성하는 데 꼭 필요한 3대 영양소 중 하나입니다. 실제로 단백질이 부족하면 모발과 손톱이 약해지고 면역력이 저하되는 등의 증상이 나타날 수 있죠. 특히 중년 이후에는 양질의 단백질을 매일 꾸준히 섭취해 줘야 근육감소와 노화를 예방할 수 있다고 해요.

성인 기준 1일 단백질 섭취 권장량은 체중 1㎏당 1.2g 정도라고 해요. 체중이 50㎏인 여성이라면 하루 60g의 단백질을 먹어야 하는 셈이죠. 이를 음식으로 섭취하려면 두부 2모, 살코기 80~100g 정도에 해당하는데요. 매일 챙겨 먹기 쉽지 않은 것이 현실이에요.

그래서 저는 매 끼니때 여성 전용 단백질 음료를 함께 섭취하고 있습니다. 바지오 '프로틴팝'은 여성의 몸에 필요한 영양소를 맞춤처방한 '여성 전용 단백질 셰이크'입니다. 기존의 단백질 셰이크와 달리 목 넘김이 청량한 음료로 운동 후 식사 중 음료로 가볍게 드시기 좋은 건강음료라 할 수 있어요.

'프로틴팝'은 국내 다이어트&비만관리 일인자로 통하는 '닥터어벤저스' 박용우 박사님이 개발하신 제품이에요. 가정의학과 전문의 박용우 박사님은 간헐적 단식과 비만 관리 분야 국내 NO.1 전문가로 중·장년층의 건강한 다이어트 비법을 연구하고 소개해 오신 분인데요. 자신만의 노하우로 직접 관리를 하셔서 다이어트에 성공한 '몸짱의사'로 더 유명하시죠.

박용우 박사님의 오랜 노하우를 담아 완성된 프로틴팝은 여성의 몸에 필요한 영양 밸런스를 바로잡아 주는 건강한 단백질 셰이크입니다. 당류를 전혀 첨가하지 않은 저나트륨 음료라 몸에 건강하고, '가수분해 단백질'이 주원료라 소화와 흡수가 빠른 것이 최장점이죠.

박용우 박사님께서는 단백질은 식물성 단백질인 분리대두단백과 동물성 단백질인 유청단백으로 나눌 수 있다고 합니다. 분리대두단백(ISP)은 콩에서 뽑은 단백질로서 흡수가 느리고, 생물가가 높지 않아서 단백질 보충제로서의 기능이 미미하다고 할 수 있다고 합니다.

그러나 유청단백은 흡수가 빠르기 때문에 'Fast Protein'이라고 부를 정도로 단백질 보충제로서 우수하다고 하네요. 유청단백은 농축유청단백(WPC), 분리유청단백(WPI), 가수분해유청단백(WPH)로 나누어진다고 합니다.

가수분해유청단백은 농축유청단백을 효소를 이용하여 펩타이드, 아미노산으로 잘게 쪼개어 놓은 상태로서 소화 흡수율을 극대로 높여준대요. 유청단백 성분들 중에서 흡수도, 흡수율, 생물가(bio value)는 모두 다 가수분해유청단백이 가장 높다고 하세요.

가수분해유청단백은 특히 제조 공정상 가격이 비싸서 지금까지는 사용이 많지 않은 편이나 앞으로는 양질의 단백질 보충제를 만들기 위해서는 가격이 비싸도 사용량이 늘어날 것으로 기대된다고 하시네요.

박용우 박사님께서는 프로틴팝 한 포에는 최고급 가수분해 단백질 외에도 비타민과 프리바이오틱스, 코엔자임Q10, 셀레늄, 비오틴 등이 함유되어 있다고 하세요. 때문에 단백질 섭취는 물론 장 건강까지 챙기며 부족하기 쉬운 주요 영양소를 한 번에 섭취할 수 있다고 하시네요.

특히 근육이 부족한 중장년층분들, 저열량 식단으로 다이어트를 하시는 중년분들이 드시면 정말 좋을 것 같고요. 또 저처럼 식사가 불규칙하고 탄수화물 위주의 식습관을 가진 주부분들은 부족한 영양 섭취에 도움을 주는 똑똑한 음료가 아닐까 싶네요.

저는 식사를 할 때 프로틴팝을 마시며 부족한 단백질을 섭취합니다. 프로틴팝은 상큼한 파인애플 맛에 크리미한 탄산이 가미되어 있어서 탄산음료 대신 마셔도 좋아요. 평상시 탄산음료를 자주 마시는 편인데요. 박용우 박사님 말을 듣고, 당분이 많은 탄산음료 대신 단백질을 마신다고 생각하니 건강해지는 기분이더라고요.

특히나 중년 이후 건강은 '근육량'과 비례한다고 하잖아요. 몸에 근육이 감소할수록 체력이 떨어지고 면역기능도 저하된다고 해요. 그래서 건강한 노후를 맞이하고 싶다면 근육 생성을 돕는 단백질을 충분히 섭취하면서 꾸준히 운동하는 습관을 길러야 한다고 하네요.

그래서 저는 100세 시대를 대비한 건강관리의 하나로 '하루 2~3번 프로틴 팝'을 실천하고 있습니다. 휴대성 좋은 분말 타입이라 어디서든 간편하게 마실 수 있고, 하루 2~3잔의 음료를 마시는 것만으로 중년 주부의 몸에 필요한 영양성분을 골고루 섭취할 수 있으니 금상첨화죠.

중년 이후 건강관리에 꼭 필요한 최적의 영양소 가수분해 단백질! 오늘 하루, 가수분해 단백질은 충분히 드셨나요? 아무리 바빠도 내 몸에 소홀하지 말자고 말씀드리고 싶어요.

저는 요즘 내 건강이 곧 가족의 행복이라는 생각으로 살아요. 두 아이의 엄마로, 일하는 주부로 살며 건강의 소중함을 자주 잊곤 했는데요. 10년 후, 20년 후 미래를 생각하면 지금부터 착실히 건강을 돌봐야겠더라고요.

사랑하는 두 아이와 오래 행복한 시간을 갖고 싶은 엄마의 마음이 제일 크고요. 젊고 활기찬 노후를 준비하는 중년 주부의 투자이기도 해요.

중년의 인생을 풍요롭게 만드는 기본은 언제나 '건강'에서 비롯합니다. 돈도 명예도 내 몸이 건강하지 못하면 무용지물이죠. 자기관리로 얻어진 아름다운 외모도, 멋진 몸매도 건강할 때 누릴 수 있는 행복입니다.

40대가 돼서야 비로소 여자의 행복을 발견 중인 저와 함께, 건강한 100세 시대를 준비해보실래요?

# 40대 주부의 슬기로운 가정생활
# "치아 관리는 치약 선택부터!"

"여자는 영원한 아름다움을 꿈꾸지만,
엄마는 가족의 건강을 먼저 생각합니다"

우리 한 사람에게는 수많은 명함이 붙어 있어요. 저는 태어나는 순간 부모님이 딸이었고, 지금은 두 아이의 엄마이자 아내로 사는 주부이자 작은 회사의 대표이기도 해요. 그리고 이 글을 쓰고 있는 순간에는 그저 평범한 40대 중년의 여자입니다.

수많은 저의 이름표 중 '엄마'라는 말은 무척 특별하게 다가옵니다. 제 아이들만이 유일하게 저를 '엄마'라고 부르잖아요. 제겐 보물처럼 소중한 두 아이들이 '엄마~'하고 배시시 웃을 때 느끼는 기쁨의 감정이란 오직 여자에게만 주어지는 또 다른 행복이 아닐까 생각하곤 해요.

더 열심히 살며 '좋은 엄마가 되어야겠다.' 다짐하지만 현실은 녹록지 않죠. 종일 바쁘게 일하고 퇴근하면 아이들과 저녁을 먹고 숙제 봐주는 게 일상이고요. 촬영이나 미팅이 많아 저녁까지 일하는 날은 잠든 아이들의 얼굴만 보는 날도 있어요.

아이들과 늘 함께 있어 주지는 못하는 미안함 때문일까요? 가족들이 먹고

씻고 바르는 것만큼은 좋은 것만 주고 싶더라고요.

그중에서도 클렌징이나 치약, 샴푸 등 욕실용품은 신중을 기하는 편입니다. 사실 음식은 원산지나 신선도 등을 꼼꼼히 따지면서, 매일 씻고 닦는 치약이나 샴푸는 대충 골라 쓰게 되잖아요. 특히 아이들의 구강 청결은 무척 중요하게 생각하는 부분이에요. 치아는 한 번 썩고 상하면 원상태로 돌이킬 수 없기 때문에 어려서부터 꾸준히 관리해 줘야 하겠더라고요.

구강 내 청결은 치아의 건강과 직결된 부분인데요. 쾌적한 구강 상태를 위해서는 식후 양치질이 필수라 할 수 있을 거예요.

저는 잇몸이 약해서 늘 양치질을 하면 피가 나는 증상을 겪었었는데요. 출혈이 잦다 보니 양치를 해도 금방 입안이 텁텁해지고 개운함이 덜하더라고요. 구취도 더 심해지는 것 같았죠. 마스크 속 내 입 냄새가 불쾌해 본 경험 혹시 없으신가요?

올바른 양치질은 치아 결을 따라 아래에서 위로, 위에서 아래로 쓸어내듯 닦아줘야 한다고 해요. 음식을 섭취한 뒤 30분 이내에 양치해 주는 것이 좋고, 최소 3분 이상 닦아 주는 것이 효과적이라고 하죠. 저처럼 잇몸이 약한 분들은 부드러운 미세모 칫솔을 사용해 주시면 잇몸에 가해지는 자극을 줄일 수 있어요.

여기에 저만의 구강청결 노하우를 하나 더 하자면 비밀은 '치약'에 있습니다. 유독 구강 컨디션에 예민한 편이라 치약만큼은 고가의 유명 회사 제품만 고집해 왔어요. 여러 제품을 번갈아 사용하며 치약 유목민 생활을 하다가, 지금 정착한 것이 '아로셀 큐치약'입니다.

치약의 유해 성분은 얇은 구강 내 점막의 특성상 유해 성분이 인체에 흡수될 수 있어요. 또한 이런 유해 물질이 오히려 구강 내 환경을 악화시키기도 해요. 영·유아기 아기 엄마들이 아기 전용 치약을 따로 챙기는 이유도 이런 까닭이죠.

아로셀 큐치약은 서울대 치대의 쿼럼센싱 기술로 탄생한 포스트바이오틱스 치약이에요. 구강 환경에 유익한 미생물이 활동할 수 있는 환경을 만들어 주는 첨단 과학 기술을 접목한 고급 치약이라 할 수 있죠.

또한 100% 자연 성분으로 만든 안전한 치약이라 아이들도 안심하고 쓸 수 있어요. 인체 영향력에 대해 논란이 제기되고 있는 '불소' 성분을 전혀 함유하지 않아요. 치약을 잘 삼키는 아이들부터 치아와 잇몸이 약한 중년 이후 성인들에게 잘 맞겠더라고요.

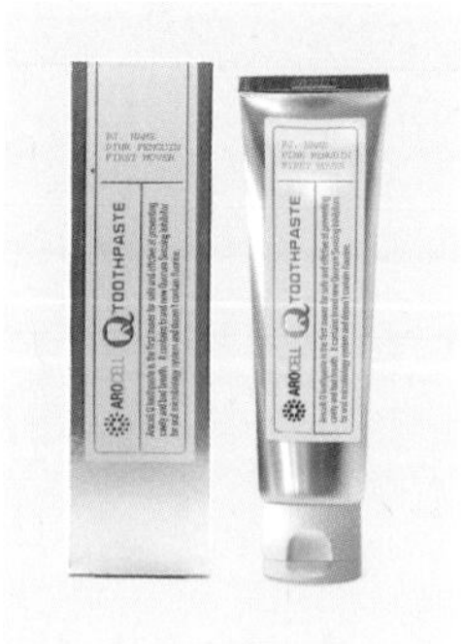

평소 잇몸 출혈이 심했던 저는 큐치약을 사용한 뒤로 쾌적한 구강상태를 유지하고 있습니다. 화학 성분 없이 자연 유래 성분으로 만든 탓인지 잇몸의 부기나 출혈이 줄기 시작했어요. 또한 양치 후에도 오랫동안 입안에 상쾌함이 유지되면서 마스크 속 구취에 대한 스트레스에서 자유로워졌습니다.

지금은 큐치약이 저희 집 '가족치약'이 됐어요. 화학 성분 대신 천연 치약으로 건치 가족이 되어 보려고요. 치아 건강은 물론 향긋한 입 냄새까지 얻을 수 있다니 엄마들에게는 참 반가운 소식이죠.

아이들의 건강에 직결되는 문제만큼은 절대 양보할 수가 없는 것이 엄마인

것 같아요. 오복(五福) 중에 하나로 손꼽히는 희고 튼튼한 치아를 지켜주고 싶은 마음도 그중 하나고요.

아름다움은 꼭 차림이나 외모가 전부는 아닙니다. 수수해도 단정하게 입은 옷이 말끔한 인상을 주는 것처럼, 우리의 체취나 향기도 아름다움으로 기억될 수 있어요.

저와 함께 아름다운 미소가 빛나는 중년 여성으로 거듭나 보시는 것은 어떠실까요? 아주 작고 사소한 변화가 중년을 더 멋지게 변화시켜 줄 거예요.

## 볼륨 탱탱! 중년 주부의 젊음은 '풍성한 모발'부터!

"무관심이 중년을 더 나이 들게 하고,
나태한 생각이 할모를 완성합니다"

두 아이의 엄마로 살고 있는 불혹을 넘긴 주부입니다. 일하고 육아하며 다람쥐 쳇바퀴 같은 생활을 반복하면서도 '여자의 행복'을 놓치고 싶지 않은 '중년의 여자'이기도 해요.

중년이 되고 보니 아름다움의 기준도 좀 달라지는 것 같아요. 이전까지는 예쁘게 꾸미는 것이 주요 관심사였다면, 이젠 본연의 아름다움을 지키는 관리에 더 마음이 쏠립니다.

화려하게 꾸미고 멋지게 차려입어도 나 자신이 가꿔져 있지 않으면 스스로 만족이 되지 않더라고요. 매끄럽고 윤기 있는 피부, 탄탄한 체형과 곧은 자세, 여유롭고 밝은 표정은 화장이나 옷으로 대신할 수 없잖아요.

피부 자체가 좋아야 화장도 잘 먹는 것처럼 우리의 아름다운 중년도 내실이 튼튼해야 더 멋지게 빛나는 것 같아요. 그래서 저는 샴푸 하나도 관리하는 중년 여자의 안목으로 선택하고 있어요.

해가 갈수록 얇아지는 모발을 고민해보신 적 없나요? 머리를 감을 때마다 낙엽처럼 우수수 빠지는 머리카락을 보면 '혹시 나도 탈모인가?' 의심이 들 때가 있어요. 그뿐인가요. 뿌리에 힘이 없어서 축 처진 머리카락, 모발 사이로 드러난 하얀 정수리는 은근히 스트레스가 되죠.

특히 중년 주부에게 모발은 신체의 일부이자, 나를 표현하는 수단이죠. 심경의 변화가 있을 때 기분을 바꿔주고 때로는 180도 다른 이미지로 변신시켜 주기도 해요. 때문에 굵고 탱글탱글한 모발, 풍성하고 탐스러운 머릿결은 나이 불문 부러움을 사는 것 같아요.

저는 볼륨 있고 건강한 모발 관리를 위해 아로셀 '3h 볼륨 샴푸'를 사용하고 있습니다. 흔히 여자의 헤어스타일은 일명 '뽕'이라 부르는 볼륨감이 생명이라고 하잖아요. 3h 볼륨 샴푸는 머리카락의 탱탱한 탄력과 영양감을 부여해 주는 '볼륨 샴푸'예요.

샴푸를 하는 것만으로도 축 처진 모발의 뿌리 볼륨이 되살아나는 것을 느낄 수 있죠. 따로 드라이를 하지 않아도 볼륨감이 살아나기 때문에 바쁜 아침에 사용하면 정말 너무 좋은 제품이에요.

3h 볼륨 샴푸는 두피 진정과 모발 윤기 관리에 특효인 식물 원료 10종을 함유하고 있어요. 반면 계면 활성제와 실리콘 등 유해성분 10종 무(無)첨가해 피부가 민감한 분들도 안심하고 사용하실 수 있죠.

뿐만 아니라 블랙푸드 10종이 더해져 두피 건강 및 탈모 예방 효과도 기대할 수 있습니다. 검정콩, 검정깨 등의 블랙푸드에 함유된 안토시아닌 성분이 탈모 예방에 효과적이라는 말은 많이 들어 보셨죠?

이젠 '탈모'의 위험이 더 이상 남의 이야기가 아니에요. 미세먼지와 황사 등 외부 환경에 자극받고 과도한 스트레스에 시달리며 이젠 10대, 20대에도 탈모로 고민을 하는 중년분들이 많더라고요. 그래서 저는 모발과 두피를 동시에 꾸준히 관리하자고 말씀드리고 싶어요.

중년에 건강도 아름다움도 '예방'이 최선의 '관리'라는 것 이젠 다들 아시죠? 저는 중년 주부님들의 아름다움을 한마디로 요약하면 '풍성한 머리빨의 조화로움'이라고 생각해요. 그래서 뷰티케어만큼은 편식하지 않으려 노력합니다.

삶의 경험을 통해 인생의 깊이와 멋을 알아갈 나이가 중년이라고 해요. 앞으로 더 아름답게 농익어 갈 드프랑님들을 위해 관리만큼은 게으르지 말자고 이야기하고 싶습니다.

# 중년의 풍성한 모발! 중년 주부는 헤어 볼륨으로 '젊음'을 말해요

"젊음과 건강과 시간 그리고 아줌마의 자신감은 돈으로 살 수 없어요"

딱 한 번 시간을 되돌릴 수 있다면 언제로 돌아가고 싶으세요? 가끔 한 번은 이런 동화 같은 일을 상상해 보곤 합니다. 매번 돌아가고 싶은 순간은 다르지만 언제나 '행복했던 때'를 추억하게 되는 것 같아요.

저에게 인생에 가장 행복했던 기억을 묻는다면, 두 아이를 만난 임신과 출산도 이야기할 것 같아요. 여자에게 임신과 출산은 새로운 생명을 만나는 경이로운 일이자 진짜 엄마가 되는 감격스러운 순간이니까요.

이런 소중한 경험은 제가 여자이기 때문에 누릴 수 있는 기쁨이었던 것 같아요. 내 자식은 눈에 넣어도 안 아프다는 말이 무엇인지 두 아이를 낳고 키우면서 알게 됐죠. 말 그대로 아이들은 '축복' 그 자체라 엄마에게는 늘 감동이고 행복이 되어 주는 존재들이에요.

하지만 우리 몸은 임신과 출산을 겪으면서 급격히 변하기 시작합니다. 임신 기간 중 급격히 불어난 체중과 체형의 변화는 기본이고요. 호르몬 불균형에 의한 우울감에 힘든 시간을 보내기도 해요. 짙어진 기미와 잡티, 줄어든 머리숱이 스트레스가 되기도 해요.

저는 이런 신체의 변화를 '노화'의 징후라고 여겼던 것 같아요. 특히 줄어든 머리숱과 얇아진 모발은 나이가 들수록 신경 쓰게 되는 부분이에요.

어릴 때부터 머리카락이 굵고 힘이 센 데다가 유달리 머리숱이 풍성했어요. 평생 머리숱이나 모발 건강은 걱정 안 해도 될 줄 알았죠. 하지만 두 아이를 낳고 노화가 빨라지는 40대가 되니 제 머리카락도 얇고 힘이 없어지면서 조금씩 숱이 줄어들기 시작했어요.

"조화로운 중년의 아름다움은 전방위 관리로 지킬 수 있어요"

제가 중년이 되고 보니 세월 따라 늙은 것은 비단 얼굴만은 아니더라고요. 열심히 살아온 시간만큼 손과 발이 거칠어지고, 비단결 같았던 머릿결도 푸석푸석 생기를 잃고 처지고 늘어지기 시작해요.

그뿐인가요. 하나씩 늘어나는 새치까지 더하면 "아, 이제 정말 늙는 건가"라는 생각에 절로 한숨이 나오는 날도 있어요. 한 살이라도 어려 보이고 싶은 마음이 간절한 중년이잖아요. 이제부터는 두피와 모발까지 꼼꼼히 관리해야겠다고 다짐을 하곤 하죠.

모발 건강만큼은 자신했던 제가 드라이로 뿌리 볼륨을 만들고 탈모 샴푸에 관심을 갖게 될 줄은 꿈에도 몰랐어요. 하지만 지금은 모발케어 전용 제품을 써가며 누구보다 열심히 모발 볼륨 및 탈모케어에 열을 올리고 있습니다.

AROCELL
AQUA CLEANSING BALM

모발도 피부의 일부라는 생각이에요. 그래서 머리를 감을 때 사용하는 헤어 제품부터 헤어드라이어까지 두피와 모발에 닿는 모든 것을 신중하게 고르고 선택해서 사용하고 있어요.

최근 저의 헤어 관리는 아로셀 '안티 헤어로스 샴푸'와 제니하우스의 '레드핏 브러시'가 담당하고 있습니다. 이 두 제품 조합으로 수개월째 관리를 하면서, 힘없이 쳐졌던 모발에 탱탱한 볼륨과 탄력이 살아나고 있어요.

아로셀의 '안티 헤어로스 샴푸'는 프랑스 EVE 비건 인증을 받은 '탈모 완화 기능성 샴푸'입니다. 제가 이전까지 사용해 온 3H 볼륨 샴푸의 후속작이라 할 수 있는데요. 자연 유래 성분을 98% 이상 함유한 EWG 그린 등급(탈모 완화 주성분 제외) 샴푸라 아이부터 어른까지 온가족이 사용하실 수 있어요.

올해 새롭게 선보이는 안티 헤어로스 샴푸는 특허받은 스타일링 성분과 탈모 예방에 탁월한 블랙푸드 성분 12종을 함유하고 있습니다. 또한 두피 항산화에 도움을 주는 피토 케미컬 성분까지 더해 헤어 볼륨, 탈모 예방, 두피 건강, 정수리 냄새까지 관리해 주는 '나이스한 샴푸'라 할 수 있어요.

이 샴푸는 두피와 모발을 동시에 케어하면서 헤어 볼륨은 살리고 탈모는 예방해 주는 제품이에요. 머리를 감는 것만으로 모발에 탄력이 생기고 뿌리 볼륨이 살아나요. 그래서 저는 바쁜 아침에는 드라이를 생략하기도 해요. (웃음)

평소 샴푸 후에는 드라이어로 머리를 말리고 스타일을 합니다. 제가 사용 중인 레드핏 브러시는 청담동 유명 살롱 제니하우스가 독자기술로 개발한 국내 최초의 원적외선 두피케어 드라이기예요.

전문가용 드라이어를 경량 사이즈로 제작한 제품으로 무게는 가볍고, 두피와 모발케어 효과는 강력한 '신개념 드라이어'라 할 수 있어요.

열을 가하는 일반 드라이어와 달리 '진짜' 원적외선 빛을 사용하기 때문에 두피에 직접 빛을 쪼여 빠른 건조가 가능해요. 이때 제품에 포함된 두피 전용 브러시를 장착해주면 원적외선의 항균 효과와 더불어 부드러운 두피 마사지 효과까지 동시에 누릴 수 있죠.

아로셀의 안티 헤어로스 샴푸로 머리를 감고 난 후 제니하우스 레드핏 브러시로 머리를 말려 주는 것만으로도 '뿌리볼륨'이 확실히 살아나요. 이 조합으로 꾸준히 모발케어를 한 뒤로는 두피 각질도 개선되고 모발 자체에 힘이 생긴 게 느껴져서 무척 만족하고 있네요.

"아는 것만큼 보이는 것이 홈케어고 실천하는
만큼 좋아지는 것이 중년의 미모입니다."

세월 따라 점점 사라지고 잃어가는 것들이 늘어만 갑니다. 때문인지 한 살 한 살 나이를 먹을수록 나 자신의 부족함을 채우기 위해 노력하게 되는 것 같아요. 마음의 여유를 가지려고 노력하고, 건강을 위해 좋은 것을 먹고, 젊음을 위해 홈케어에 최선을 다하죠.

누구나 태어나면 늙어가는 것이 자연의 이치지만, 늙고 싶지 않은 여자의 마음은 중년이 되어도 쉽게 포기가 되지 않는 것 같아요. 그래서 저는 '평생 아름다운 중년의 여자'가 되는 꿈을 현실로 실현하기 위해 매일 부지런히 관리하고 있어요.

일에 쫓기고 육아가 힘들어도 '나를 돌보는 시간'을 하루 한 번은 가지려고 노력해요. 그리고 나와의 약속을 어기고 싶지 않아서 이렇게 뷰티 일기를 쓰고, 더 좋은 제품을 찾는 노력을 게을리하지 않고 있어요.

막상 관리를 시작해 보니 노화로부터 자유로울 수는 없어도 노화의 속도는 노력으로 늦출 수 있겠더라고요. 홈케어를 하면서 어떤 관리든 꾸준히 지속하면 분명 효과가 나온다는 확신을 갖게 됐죠. 덩달아 결국 중년 이후 여자의 미모는 '인내'와 '끈기'로 쟁취해야 하는 권리이자 특권이라는 것도 깨닫게 됐어요.

단 한 번뿐인 인생을 절반만큼 살았다고 생각해 보세요. 지금 이 순간이 너무 소중하게 여겨지고 한 날, 한 시가 아깝지 않나요? 저는 이 귀하고 소중한 시간을 한 톨도 낭비하지 않고 '내 꿈과 내 삶'에 투자하며 즐겁고 행복하게 살자고 말씀드리고 싶어요.

살고 있을 땐 몰라도 돌아보면 아쉬움이 남는 게 인생이라고 하잖아요. 누구나 지나간 시간을 후회한다고 하지만 저와 드프랑 가족들은 조금 덜 후회하는 중년을 살았으면 좋겠습니다. 서로가 서로의 삶의 빛이 되고 길이 되어주며 '조금 더 멋진 인생'을 함께 만들어가는 일, 저 재즈민과 함께 해주세요.

#05

# 루틴과 조합

# 무너짐 No! 꽃중년의 V라인을 말합니다

"지나간 청춘을 그리워하기엔 아직 한참때라,
꽃 같은 중년을 꿈꾸며 관리합니다."

진주처럼 은은한 빛깔을 지닌 중년이 되고 싶습니다. 진주의 은은한 아름다움은 오래 보아도 질리지 않죠. 단아하지만 기품이 있고 화려하지 않지만 그윽한 멋이 있어서 어디에나 잘 어울리기도 하잖아요. 그래서 이런 편안함과 우아함을 가진 중년이 되고 싶어요.

무얼 해도 예쁠 나이가 20대라면 중년에는 아름다움에 깊이가 생기는 것 같아요. 나만의 컬러가 생기는 시기라고 해야 할까요? 자신에게 어울리는 것, 좋아하는 것이 명확해지는 만큼 꼭 필요한 것에 집중할 수 있더라고요.

마흔 이후 보다 집중적인 홈케어를 시작한 것도 '중년의 아름다움'을 잃고 싶지 않아서에요. 결혼하고 아이를 낳고 한숨 돌리고 보니 마흔 중반의 제가 있더라고요. 이제 좀 '나를 챙겨야지' 생각하면서도 막상 어디서부터 시작해야 할지 막막하던 때 홈케어에 관심이 생겼어요.

시간과 비용에 부담이 덜하면서도 관리하는 즐거움을 누리기에 '홈케어 화장품'만큼 좋은 것도 없더라고요. 그러다 우연히 바이오 화장품을 경험하게 됐고 중년 피부의 회춘, 즉 다운에이징에 대한 믿음과 확신이 생겼어요. 단순히 예방의 차원을 넘어 타임 리버스가 가능하다는 사실이 저를 아주 많이 설레게 하더라고요.

보톡스와 줄기세포 배양액 추출물 성분 화장품은 저뿐만 아니라 드프랑 식구들도 인정하는 파워풀한 홈케어 화장품이에요. 고스펙 원료 성분을 함유한 화장품이라 그런지 단시간에 눈에 띄는 효과가 느껴진다는 후기가 참 많아요. 피부 속부터 채워지는 촉촉함과 탄력감에 대한 후기도 많았고요. 얼굴에 생기가 돌고 안색이 환해졌다며 칭찬해 주시는 분들도 많이 계세요.

그래서 이번에는 아로셀 '보토기 V라인 마스크'를 소개해 보려고 해요. 이제껏 소개해 드린 화장품이 피부세포의 재생과 회복에 중점을 두고 있었다면 '보토기 V라인 마스크팩'은 얼굴형을 매끈하고 갸름하게 정돈해 주는 뷰티템이에요.

노화가 시작되면서 주름만큼 신경 쓰게 되는 부분이 '피부 탄력과 처짐'이잖아요. 광대 아래로 패인 볼이나 팔자주름을 따라 처진 불독살, 턱 아래로 접히는 군살은 정말 보기가 싫죠. 이런 노화의 징후가 심해지면 덩달아 얼굴형도 무너질 수밖에 없어요.

아로셀 '보토기 V라인 마스크'는 중력의 영향으로 아래로 아래로 쳐지는 턱살과 무너진 얼굴 라인을 V라인으로 가꿔주는 '기특한 효자' 제품이에요.

특수개발한 탄성 원단을 마스크 형태로 제작. 피부에 밀착하는 텐션 원단이 피부를 지속적으로 당겨 주면서 늘어진 턱살과 무너진 라인을 갸름하게 끌어 올려 주는 거죠. 기존의 마스크와 달리 피부에 밀착하는 탄성 원단을 사용한 마스크라 장시간 착용해도 귀가 편안해요. 잠든 동안은 물론 외출 중 마스크 안에 착용하고 다닐 수 있어요.

마스크 섬유 안에는 7개국에서 특허등록을 받은 피부투과형 보툴리눔톡신과 슬리밍 관리에 특효가 있는 포스파티딜콜린(PPC), 글리우신, 카페인 등이 함유되어 있어요. 때문에 늘어진 중년 피부의 탄력 증진과 슬리밍 효과를 기대할 수 있죠.

마스크 안쪽에 함유된 화장액은 탱글탱글한 겔 타입 화장액은 묻거나 흐르지 않아요. 뿐만 아니라 피부에 닿는 감촉이 시원하고 촉촉해서 건조한 이맘때부터 여름까지 사용하기 좋은 중년만을 위한 '윤곽케어 아이템'이라 할 수 있어요.

얼굴을 감싼 마스크 원단의 쫀쫀한 텐션감을 느끼며 3시간 정도 사용하면 얼굴과 턱 라인이 한결 정돈된 느낌을 얻을 수 있습니다. 저는 특히 밤에 야식을 많이 먹고 잔 날 아침부터 부기가 심한 날이면 꼭 보토기 V라인 마스크를 사용하곤 해요.

나이를 먹어도 여자는 여자! 죽는 날까지 여자는 언제나 여자! "예뻐졌다"라는 칭찬은 언제 들어도 기분이 좋잖아요! 저는 그런 칭찬이 필요한 날에 보토기 V라인 마스크를 찾곤 합니다.

일부러 시간을 내서 관리할 필요 없이 얼굴에 딱 붙이고 생활하면 된다는 간편함이 가장 마음에 들었고요. 평소 건조함이 심한 제 피부에도 잘 맞았던 것 같아요. 집은 물론 차에서도 사무실에서도 V라인 관리를 할 수 있다니 너무 신기하고 재미있어요.

흔들림 없는 '중년의 아름다움'은 절대 불가능한 일이 아니에요. 이전에 비하면 조금 더 노력이 필요할 뿐이에요. 분명 노력하는 만큼 분명 달라질 수 있습니다! 전문 에스테틱에서나 기대할 수 있었던 내 얼굴의 윤곽까지도 이젠 집에서 관리할 수 있는 시대잖아요.

좋은 화장품을 알아보는 '중년의 눈'과 꾸준히 관리하는 '뇨자'의 인내심만 있다면 누구나 '꽃중년'이 될 수 있어요. 저희 함께 죽어도 못 잊을 아름다운 중년을 꿈꿔 보는 건 어떠세요?

nderwang

# 슬기로운 중년 생활! 40대 주부의 홈케어 루틴

"한 번의 최선보다 여러 번의 반복이 아줌마를 여자로 변화시킵니다.
변화는 곧 여자의 '아름다움'입니다"

'수적천석(水滴穿石)'이라는 말이 있어요. 물방울이 돌을 뚫는다는 말인데요. 비록 작은 물방울일지라도 끊임없이 두드리면 돌을 뚫듯 미미한 노력이라도 끊임없이 지속하면 큰일을 이룰 수 있다는 뜻이죠.

가만히 생각해 보면 관리도 수적석천의 노력이 필요한 것 같아요. 지금 당장 눈에 보이는 내 모습이 평생 유지되는 것은 아니잖아요. 40대 중반의 제 모습이 수년 동안 제가 쌓아온 노력이라면 앞으로 20~30년 후를 위해 지금부터 더 꾸준한 관리가 필요하겠죠.

'우리 피부를 위해 10년, 20년 꾸준히 실천할 수 있는 노력이 무엇일까요?' 저의 결론은 홈케어였습니다. 시간과 장소에 구애받지 않고 관리할 수 있고, 비용면에서도 부담이 덜하잖아요. 또한 그날그날 기분과 피부 컨디션에 맞춤 관리도 가능하고요. 무엇보다 '의지'만 있다면 평생 지속할 수 있겠더라고요.

요즘은 화장품도 너무 좋아져서 저처럼 홈케어로 관리하고 효과 보신 분들도 참 많은 것 같아요. 때문인지 드프랑님들도 종종 저의 데일리 루틴을 물어봐 주시네요. 예전에도 저의 스킨케어 루틴을 한 번 소개해 드린 적이 있는데요. 최근 저의 루틴은 기존 루틴에 팩 관리와 스페셜 라인 관리가 추가되었어요.

우선 저의 스킨케어 루틴을 정리해 보면 아래와 같습니다.

**재즈민의 기초스킨케어 데일리 루틴**

**아침:** 세안 → 곰돌이 패드 → 보토기 앰플 → 그래핀 마스크팩 → 슈퍼파워 앰플 → 슈퍼파워 크림 → 보토기 립마스크

**저녁:** 세안 → 곰돌이 패드 → 보토기 앰플 → 슈퍼파워 앰플 → 슈퍼파워 크림 → 아이링클솔루션(이마, 눈가, 입가) → 보토기 립마스크 → 줄기세포 콜라겐 마스크팩(수면팩)

글로 나열해 놓고 보니 많아 보이지만 실제 홈케어를 해보면 아주 간단한 루틴이에요. 아침에는 팩 관리까지 다 해도 15분, 저녁에는 수면팩을 제외하고 보면 5~10분 정도면 관리가 끝나거든요. 한 번 가면 2~3시간은 후딱인 에스테틱도 다니는데 아침, 저녁 10분 투자가 아까울 수 있나요. (웃음)

요약해보면 저의 스킨케어는 곰돌이 패드, 보토기 앰플, 슈퍼파워 앰플, 슈퍼파워 크림, 보토기 립마스크를 기본으로 해요. 대신 바쁜 아침에는 갈바닉 팩인 그래핀 마스크팩으로 간편하게 수분과 활력을 보충하고, 밤에는 아이 링클 솔루션 갈바닉 마사지로 미세주름케어를 해주고 있어요.

아침, 저녁 세안 후 사용하는 곰돌이 패드는 피부의 잔여 노폐물과 각질, 피지는 물론 거칠어진 피부결을 매끄럽게 만들어 줘요. 똑같이 세안을 해도 곰돌이 패드를 사용한 날 피부가 더 반짝반짝 광이 나는 것 같아요.

그리고 보토기 앰플로 피부의 촘촘한 탄력과 활력을 잡아준 그 위에 줄기 세포 성분 슈퍼파워 앰플을 덧발라 '회춘' 관리를 해주는 거예요. 앰플로 피부 속 영양을 채우고 나면 보톡스 성분 슈퍼파워 크림을 발라요.

슈퍼파워 크림은 앰플에 비해 입자가 큰 크림을 피부 표면에 한 번 더 발라 피부 보호막을 씌워 준다고 생각하시면 좋을 것 같아요. 슈퍼파워 크림을 바른 날은 확실히 안색이 환해지고 피부가 종일 촉촉하게 유지되어요.

이렇게 아침, 저녁 공통으로 사용하는 기초 화장품을 소개해 드렸는데요. '그럼 팩은 왜 아침, 저녁 다른 제품을 사용할까?' 궁금해하시는 분들이 있지 않을까 싶어요.

저는 메이크업하는 날에는 아침에 그래핀 마스크팩으로 화장이 잘 먹는 수분 가득 피부를 만들어요. 하지만 평소에는 전반적인 탄력과 광채를 위해 콜라겐 마스크팩을 붙이고 잠을 청합니다.

일과 육아에 쫓기는 주부라서 연예인들처럼 1일 1팩을 매일 실천하지는 못해요. 하지만 '중요한 일정이 있는 날=모닝팩', '광채과 탄력 관리=수면팩' 공식을 최대한 지키려고 노력하고 있어요.

특히 콜라겐 마스크팩만큼은 무조건 주 2~3회 정도 꾸준히 사용하고 있어요. 자는 동안 흡수되는 수면팩이라 시간 절약도 되고, 팩을 하고 난 다음날 탱글탱글 촉촉한 물광피부로 아침을 맞이하는 기분이 너무 좋아서요.

여기까지가 저의 일상 속 스킨케어 기본 루틴이에요. 이 기본 공식을 뼈대 삼아 화장품을 더하고 빼면서 피부 건강과 젊음을 지키고 있답니다.

언뜻 보면 평범한 루틴 같아 보이지만 효과는 특별해요. 시간이 갈수록 눈에 띄게 달라지는 피부의 변화를 직접 눈으로 확인할 수 있거든요. 드라마틱한 변신은 아니더라도 매일 조금씩 달라지는 나 자신을 발견하는 재미도 쏠쏠해요.

극건성 피부의 '속광'을 되찾아 준 재스민의 홈케어 루틴! 저는 이 생생한 경험과 노하우로 드프랑님들의 '중년 피부 관리 루틴'을 완성시켜 보고 싶네요. 매일매일 거울 보는 시간이 행복해지는 그날까지 저희 함께 노력해볼까요?

# '부캐'는 중년 아줌마 모델 재즈민!
# 촬영 전 피부 관리 꿀팁

"홈케어는 화장품만 바르는 게 아니에요.
젊음을 되돌리는 마법이 일어나는 시간이기도 해요."

살면서 이루고 싶은 꿈이 있나요? 중년에게 꿈은 삶을 위한 현실적인 목표이자 오늘을 행복하게 살아가는 힘이 되는 것 같아요. 꿈꾸는 사람은 늙지 않는다는 말도 있잖아요. 어쩌면 무언가를 간절히 소망하고 이루기 위해 살아가는 '열정' 그 자체가 곧 '젊게 살아가는 비결'이 아닐까 싶네요.

저도 일할 때만큼은 나이를 잊게 되는 것 같아요. 상품을 발굴하고 직접 제품을 써 보는 테스팅 기간을 갖고, 제가 느낀 사용 리뷰를 글로, 사진으로, 영상으로 정리하다 보면 하루, 한 달, 1년이 금방 지나가 버립니다.

온라인 위주로 소통하다 보니 자연히 화보나 영상 촬영도 자주 있는 편이에요. 솔직하고 생생한 느낌을 전하기 위해서 '콘텐츠 제작'에 욕심을 내게 되더라고요. 전문 모델은 아니지만 촬영에는 진심인 아주미에요.

사실 저는 '척'을 잘 못하고 부끄러움이 많은 성격이에요. 어릴 때 잠깐 모델로 활동을 한 적이 있었는데요. 카메라 앞에서 예쁜 척하는 게 너무 어색해서 촬영 3번 만에 에이전시에서 계약을 취소한 흑역사도 가지고 있을 정도예요.

그런 제가 요즘은 화보와 영상 촬영에 더 적극적으로 됐어요. 제가 직접 입고, 쓰고, 먹고, 바르는 제품을 소개하다 보니 자신감도 있고 애써 노력하지 않아도 자연스럽게 좋은 표정과 다양한 표현이 나올 수 있는 것 같아요.

"영원히 살 것처럼 아름다움을 꿈꾸고,
오늘 죽을 것처럼 나를 관리합니다."

저는 평소 다양한 콘셉트의 사진과 영상을 찍지만 뷰티 화보가 있는 날은 전날부터 컨디션 조절을 하는 편입니다. 가급적 야식은 삼가고, 홈케어로 집중 케어를 한 뒤 평소보다 일찍 잠자리에 들어요.

아무래도 가장 신경 쓰는 부분은 피부 상태에요. 화장이 들뜨지 않도록 충분한 수분·보습 관리는 기본이고요. 얼굴이 환하고 또렷하게 나올 수 있도록 주름, 미백, 탄력 관리까지 '종합 처방'을 해 주고 있어요.

우선 미온수로 꼼꼼히 세안을 한 다음 곰돌이 닦토로 피부결을 정돈해 줍니다. 노폐물 정돈과 수분 보충을 한 번에 해결할 수 있죠. 그 위에 보토기 앰플, 연어주사 성분 PDRN 앰플을 순서대로 넉넉히 발라 흡수시켜요.

바르는 즉시 흡수되는 보톡스 앰플 '보툴케어 키트'는 모공 수렴과 탄력 증진에 효과가 좋아요. 이 위에 피부에 활력을 되살려 주는 연어 PDRN 앰플 '리버스케어 키트'를 레이어링하면 촉촉한 생기를 더할 수 있죠. 특히 리버스케어 키트는 스킨케어 디바이스와 함께 사용해 주면 관리 효과가 배가됩니다.

연어주사 앰플 '리버스케어 키트'와 알록의 뷰티 디바이스 '핏쎄라'의 조합은 정말 강력히 추천해요. 홈케어 제품계의 '황금 궁합' 아이템이라고 해야 할까요? 이 두 가지 제품 조합이면 피부과 시술이 부럽지 않은 탄력, 재생, 리프팅 효과를 얻을 수 있어요.

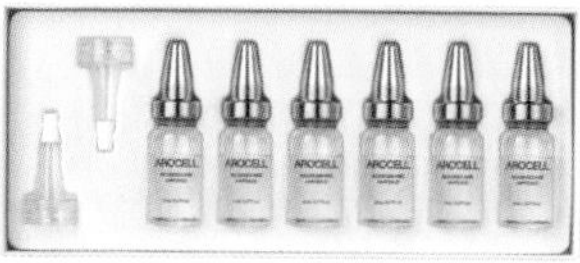

탄력·리프팅 전문 디바이스 핏쎄라가 재생을 돕는 연어앰플의 흡수를 도와 각각의 제품을 따로 사용할 때보다 더 큰 시너지를 내기 때문인데요. 앰플을 도포하고 10~15분 기계 관리를 하는 것만으로 탱탱하고 탄력 있는 'V라인 동안 얼굴'이 됩니다. 그래서 저는 중요한 일정이 있을 때는 꼭 이 조합으로 리프팅 관리를 해요.

아로셀 '리버스케어 키트'는 연어주사 성분인 PDRN을 함유한 앰플이에요. 주사 시술로 피부에 주입해 왔던 유효성분을 바르는 화장품으로 안정화시킨 '강력한 재생효과'를 가진 제품이에요. 저처럼 건조하고 푸석한 얼굴에 바르면 윤기가 돌고 화장이 잘 먹는 피부가 돼요.

알록의 'LED 핏쎄라'는 근적외선을 이용해 주름과 탄력을 개선해 주는 뷰티 디바이스에요. 근적외선이 피부 속 진피층까지 도달해 피부세포를 팽팽하게 당겨주는 원리로 피부과의 유명 리프팅 시술인 '울쎄라'에서 이름을 따온 제품이기도 해요.

이 기기는 피부 표면에 작용해 일시적인 효과를 부여하는 제품이 아니라, 피부 젊음의 근본이 되는 진피까지 관리해 주는 제품이에요. 그만큼 지속적인 관리 효과를 기대할 수 있고, 앰플과 함께 사용하면 화장품의 유효성분을 더 확실하게 피부 속까지 흡수시킬 수 있죠.

연어앰플과 핏쎄라 조합으로 리프팅케어를 마치면 그 위에 슈퍼파워크림을 바르고, 밀키 드롭 피니쉬 앰플로 기초스킨케어를 마무리합니다. 매끈하고 탱탱해진 얼굴에 피니쉬 앰플의 은은한 물광이 더해지면 그야말로 '깐달걀 피부'가 돼요. 지금 막 에스테틱에서 관리받고 나온 것 같은 얼굴을 보면 절로 감탄이 나오죠.

촬영 전 저의 기초스킨케어는 여기까지예요. 한 가지를 더 추가하자면 잠들기 직전에 '줄기세포 콜라겐 마스크팩'을 붙이고 잠을 청하는 건데요. 한 번만 사용해도 수분, 탄력, 미백, 주름에 효과가 있는 제품이라 '수면팩'으로 안성맞춤인 마스크팩이에요.

"생각은 단순하게, 관리는 섬세하게!
귀찮음을 잊으면 중년이 아름다워질 수 있어요"

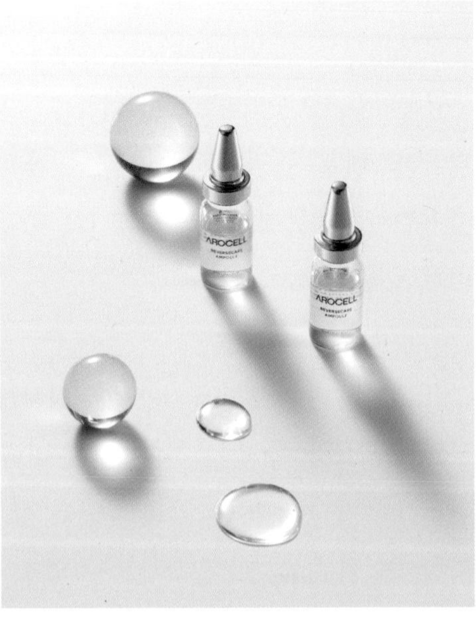

화보나 영상 속 제 모습을 보면 조금 낯선 기분이 듭니다. 평소 몰랐던 얼굴의 단점이 부각되어 보이기도 하고, 미처 알지 못했던 제 얼굴의 사랑스러움을 발견할 때도 있어요. 마치 처음 얼굴을 대하듯 저를 감상하는 거죠.

사실 우리는 하루에도 여러 번 거울을 보지만 내 얼굴을 가만히 응시하거나, 자세히 살펴보지는 않잖아요. 저는 40대가 되어서야 오롯이 저를 볼 수 있게 된 것 같아요. 그리고 이제부터라도 더 예쁘게 가꾸며 아름답게 나이 들자고 다짐을 하게 됐어요.

피부가 조금만 좋아져도 인상이 달라질 수 있다는 것을 이젠 알거든요. 그뿐인가요? 피부가 좋아지니 화장도 잘 받아요. 조금만 꾸며도 확연히 분위기가 달라지니까, 자신감도 생기고 성격마저 긍정적으로 바뀌는 것 같더라고요.

여자는 본능적으로 아름다움을 추구한다고 하죠. 평생 여자로 살아온 저도 그랬어요. 나를 꾸미는 게 여자의 권리라고 생각했어요. 그렇게 중년이 되고 보니 이젠 자연스러운 멋이 좋아지더라고요.

매년 조금씩 시들어가는 젊음이 아쉬운 탓인지, '꾸며진 아름다움'보다는 '본연의 아름다움'에 집착하게 돼요. 그래서 더 열심히 홈케어를 하고 내면의 건강을 돌보며 건강하고 아름답게 나이 들기를 소망하고 있습니다.

중년이란 '자기답게 사는 방법'을 알아가는 시기라고 해요. 꿈 많은 아줌마 재즈민과 함께 멋지고 아름다운 여자의 꽃길 인생을 그려 보실래요? 노후까지 행복을 꿈꾸고 그 안에서 기쁨을 찾는 여자들의 이야기를 함께 만들어 봐요.

## "깨끗하게! 맑게! 자신 있게!"
## 중년 주부의 백옥 피부 관리 TIP

"흘러간 시간은 되감기 버튼이 없지만,
어두워진 얼굴은 다시 되돌릴 수 있습니다."

여자라면 어릴 때 한 번쯤 동화 속 공주님의 삶을 꿈꿔봤을 거예요. 어릴 때 저는 백설 공주나 잠자는 숲속의 공주 같은 동화책을 보면서 내 인생 최고의 순간을 상상했던 것 같아요. 예쁜 옷과 멋진 왕자님이 기다리는 미래를 상상하며 '빨리 어른이 되고 싶다' 소원했던 적도 있었네요(웃음).

막상 인생을 절반 정도 살아보니 현실은 동화 속 이야기와 많이 달랐습니다. 롤러코스터 같은 삶을 절반 가까이 살아보니 '인생 최고의 순간'은 특별한 게 아니더라고요. 사랑하는 사람과 가정을 꾸리고, 두 아이가 내 품에 와 주던 날들, 친정엄마와 투덕대며 함께 늙어가는 순간순간이 곧 '내 인생 최고의 순간'인 '화양연화'라는 것을 40대가 넘어가면서 느끼는 중입니다.

30대를 가족의 건강과 안녕을 소망하며 앞만 보고 달려왔어요. 성공과 실패의 달고 쓴 맛을 봤죠. 넘어지면 다시 일어서는 오뚜기 근성으로 맞이한 40대는 이전에 알지 못한 소소한 행복에 감사하는 법을 알아가는 시간인 것 같습니다.

앞날만 바라보느라 미처 돌아보지 못한 현재의 행복을 발견하게 됐고, 매일에 감사하게 됐습니다. 감사하는 마음이 커질수록 물질적 성공보다는 마음을 나누고 더불어 사는 온정어린 삶이 더 가치 있게 느껴지기도 합니다.

마음에 여유가 생기자 저 자신도 보이기 시작했습니다. 20대부터 사업을 시작해서 일에 몰두하며 바쁘게 지냈어요. 결혼 후 출산을 하고 육아를 하면서도 아이들의 미래와 제 사업만 신경 썼지 정작 '나를 챙기는 일'에는 무심했던 것 같아요.

문득 '여자로서의 행복을 놓치고 살았던 건 아닐까?' 하는 생각이 들었습니다. 중년이 그래요. 평생 젊기만 할 것 같은 2~30대와 생각이 조금 달라지는 것 같아요. 어쩌면 '타고난 젊음을 꽃피울 수 있는 마지막 환승역이 아닐까?' 하는 아쉬움이 자주 찾아오는 시기인 것 같아요.

저 역시 그런 기분에 홈케어를 시작했습니다. 살기 바빠서 나중으로 미뤄온 관리를 뒤늦게 시작해 보자 다짐했죠. 안티에이징케어를 기초로 홈케어 루틴을 짜서 매일 관리를 하면서 틈틈이 저만의 맞춤 관리 루틴을 연구하며 '중년 피부 리모델링'에 나섰습니다.

40대 이후부터는 눈에 띄게 피부 탄력도 떨어지고 서서히 주름도 깊어지잖아요. 저 같은 경우는 심한 건조함과 칙칙해진 안색도 무시할 수 없었어요. 어릴 때는 피부가 뽀얗다는 말을 자주 듣곤 했는데 메마르고 어두워진 피부를 보니 10년 빨리 늙어버린 기분이었습니다.

보습과 미백을 동시에 해결할 수 없을까? 한참을 고민한 끝에 저만의 미백케어 노하우를 완성했습니다. 저의 미백 관리는 아로셀 톤업 퍼펙트 선크림, 비타 20 파워스틱 그리고 모이스춰크림 3종을 가지고 진행합니다.

평소 생활할 때는 실내·외를 불문하고 자외선차단제인 '톤업 퍼펙트 선크림'을 바르고 지냅니다. 일명 벚꽃 톤업 선크림이라고 부르는 이 제품은 자외선은 물로 적외선까지 동시에 차단해 주는 선크림이에요.

햇빛에 의한 피부 손상은 물론 전자기기와 전열기구에 의한 열 노화까지 차단해 주죠. 뿐만 아니라 칙칙한 피부톤을 균일하게 한 톤 밝혀 주니까 기초스킨케어 마지막 단계에서 꼭 바르게 되더라고요.

보다 집중적인 미백관리가 필요할 때는, 선크림 전 단계에서 미백스틱 '비타 20 파워스틱'을 먼저 바릅니다. 영국산 퓨어 비타민C를 최대 함량 담아낸 고체스틱은 오일 보습과 미백효과를 동시에 기대할 수 있어요.

한 손에 쏙 들어오는 콤팩트한 사이즈라 휴대하고 다니며 바르기 좋아요. 무엇보다 1~2주 정도 사용하면 안색이 맑아지는 게 느껴져서 신뢰하는 미백 기능성 화장품입니다. 출산 후 진해진 기미와 하나둘 늘어가는 잡티가 연해지는 것을 보면 너무 신기하고 기분이 좋아요.

미백스틱과 벚꽃 톤업 선크림 조합으로 미백 관리를 할 때, 저만의 비법 노하우는 바로 '모이스춰라이징 크림'입니다.

고함량 비타민C를 함유한 미백스틱을 처음 사용하면 살짝 따가운 느낌이 드는데요. 이때 아로셀의 수분크림을 먼저 바른 후 그 위에 미백스틱을 발라주면 자극이 줄어드는 것을 느낄 수 있어요. 그리고 이 위에 벚꽃 톤업 선크림을 발라주면 선크림이 열과 빛에 약한 비타민C 성분을 보호해 더 큰 시너지 효과를 기대할 수 있죠.

수분크림, 미백스틱, 톤업선 크림을 다 발라도 채 5분이 걸리지 않는 간단한 관리지만 화이트닝 효과는 확실한 조합이에요. 뿐만 아니라 피부에 수분을 채우고 오일 보습막까지 씌워 주기 때문에 건조한 봄철에는 일석이조 홈케어라 할 수 있죠.

홈케어를 시작하고 보니, 중년 이후의 피부 관리는 인내와 끈기가 전부라 해도 과언이 아닌 것 같아요. 아무리 좋은 화장품도 한두 번 바르다 말면 홈케어 효과는 기대할 수 없어요.

귀찮아도 세안은 잊지 말고, 기초 화장품을 바르는 습관이 첫 번째고요. 그날 그날 피부 상태에 맞춤 관리를 해 주면 더 좋겠죠. 특히 중년 이후에는 피부가 계절과 환경에 영향을 많이 받기 때문에 집중관리는 필수코스가 아닐까 싶어요.

돌이켜 생각해 보면, 어릴 때 저희는 엄마 몰래 화장품을 바를 정도로 화장품에 관심이 많았잖아요. 그때처럼 순수하게 아름다움을 갈망하는 여자의 마음가짐이라면 홈케어는 매일 새롭고 즐거운 경험이 될 수 있지 않을까요?

마음만큼은 너그러워서 중년이라고 하잖아요. 누구나 오늘은 태어나 처음 만나는 시간이지만 생각만큼은 '인생 2회차의 여유'를 가지고, 매일 조금씩 여자로 사는 기쁨을 누려보는 것이 어떨까요? 최첨단 기술로 누리는 집콕뷰티의 재미에 푹 빠진 아주미의 지극히 개인적인 생각을 더 하며 저는 이만 물러가요.

# 보톡스와 갈바닉의 콜라보!
# 더 강력해진 홈 링클케어의 맛!

"중년에 아름다움이란 스스로 만드는 것이지 세상이 정해주는 것이 아니에요."

내 피부에 하루 몇 분을 투자하고 계시나요?

피부는 투자하는 만큼 좋아진다는 말을 부쩍 실감하는 중입니다. 체력도 미모도 예전 같지 않은 40대 중반이 되고 보니 영양제도 화장품도 효과가 바로바로 느껴져요. '이래서 나이는 못 속이나 보다.' 하면서도 홈케어의 맛에 푹 빠져 지내고 있네요.

얼마 전부터는 저의 기초스킨케어 노하우를 정리해서 소개해 드리고 있는데요. 제가 사용하는 홈케어 아이템 사용법부터 저만의 화장품 조합, 평소 홈케어 루틴까지 다양한 주제로 이야기를 해 보려고 해요.

저의 뷰티 일상을 저와 같은 더 많은 주부님들과 함께 하고 싶은 마음이 첫 번째고요. 한편으로는 드프랑 식구들과 중년만의 뷰티 정보로 소통하며 '더 좋은 잇템'을 발견하고 싶은 욕심도 살짝 있어요. 함께 만들어가는 '중년 피부 종합 관리 설명서'를 만드는 편집자의 마음이라고 해야 할까요? (웃음)

누구보다 아름다움에 진심인 편이라 저뿐만 아니라 중년 주부님들에게 꼭 필요한 홈케어를 소개하고 싶더라고요. 피부의 기초체력을 튼튼히 다지는 기초관리부터 미백, 탄력, 주름개선 등 안티에이징에 좋은 화장품을 정리해 보았습니다.

기존에 사용하던 화장품에서 뺄 것과 추가로 더할 것을 고민했어요. 시장조사도 하고 고객분들의 의견도 들으며 추천받은 제품을 직접 사용하며 테스트해 보기도 여러 번. 이렇게 발굴한 아이템 중 하나가 아로셀의 '아이 링클 솔루션'입니다.

40대 이후부터 눈가주름 관리는 필수잖아요. 그동안 저는 아로셀의 슈퍼파워 아이 앤 넥크림으로 관리를 해 왔어요. 아로셀의 슈퍼파워라인에 대한 만족감이 높았기 때문인데요. 고객분께서 아로셀의 갈바닉 아이크림을 써보고 너무 좋았다며 드프랑에 문의를 주시더라고요.

직접 갈바닉 아이크림을 구해서 직원들과 함께 제품 테스팅 기간을 가졌습니다. 말로만 듣던 갈바닉 아이크림은 아이크림에 갈바닉 진동기기가 부착된 '일체형 디바이스 아이크림'이더라고요.

슈퍼파워 아이앤넥 크림이 홈스파용 집중관리 아이템이라면, 아이 링클 솔루션은 간편한 사용법과 휴대성이 무척 매력적이었어요. 무엇보다 주름케어 성분을 갈바닉으로 빠르게 흡수시킬 수 있어 첫 만남이 더욱 특별하게 와 닿았던 것 같아요.

슬림한 튜브 타입 아이크림은 용기에 쿨링 효과가 있는 마사지팁과 미세진동 기기가 부착되어 있어요. 손대지 않고 기기로 흡수시키는 링클케어 제품이라 언제, 어디서든 바를 수 있어서 저는 가방 속에 휴대하고 다니며 사용해요. 홈케어 화장품이라고 꼭 집에서만 쓸 이유는 없잖아요. 바쁜 와중에 틈틈이 피부 관리까지 할 수 있으니 오히려 실용적이죠.

이 제품은 보톡스의 주요 성분인 보툴리눔 톡신 유래 성분과 꽃담배 추출 펩타이드 등 주름 개선에 도움이 되는 유효성분을 함유하고 있습니다. 이미 여러 기초화장품을 통해 '바르는 보톡스'의 효과를 경험한 저에게는 무척 반가운 성분이에요.

저는 악건성 피부라 잔주름이 유독 잘 생기는 편이에요. 아이 링클 솔루션을 갖고 다니면서 건조한 눈가와 입가, 이마나 눈가에 수시로 발라 줬죠. 핸드폰과 모니터를 오래 봐서 피곤한 눈 마사지도 아이링클 솔루션으로 할 정도였어요.

집착에 가까운 성실한 관리 탓일까요? 눈가와 입가에 촉촉한 수분감이 생기면서 팽팽한 탄력이 더해지는 느낌을 받고 있어요. 아직 눈가주름이 심한 편은 아니지만 웃을 때 눈 앞꼬리 부분이 좀 파이는 편이었거든요. 매일 만나는 직원들도 제 얼굴이 좋아졌다고 하더라고요.

벌써 마흔이 훌쩍 넘었지만 저는 아직도 예쁜 옷을 입고 사진 찍을 때 행복하고, 핑크색을 사랑합니다. 하지만 바쁘게 일하고 아이들을 챙기다 보면 대충

입고 대충 먹고 대충 꾸미고 지내는 날이 더 많더라고요. 그러다 문득 '일과 가족도 중요하지만 나 자신을 챙기는 것도 행복해지는 방법'이라는 생각이 들었습니다.

매일 공들여 화장하고 멋지게 차려입을 수 없지만 내가 지닌 본연의 아름다움만큼은 잃지 말자는 마음으로 중년의 홈케어에 정성을 다하고 있습니다.

여자는 피부로 자신을 드러낸다는 말도 있잖아요. 얼굴에서 드러나는 건강과 젊음, 그리고 행복은 백 마디 말보다 강력해요. 그리고 수수한 민낯마저 아름다운 중년의 기품은 자신을 향한 관심과 부지런한 관리로 얻어지는 '노력의 결실'인 것 같아요.

세월에 기죽지 않는 주부의 행복은 멀리 있지 않아요. 생각을 실천하는 순간 이미 우리 중년의 아름다운 도전은 절반의 성공한 거예요. 아름다움에 정답은 없으니까요.

## "10살 더 어리게!" 중년만을 위한 홈케어, 중년 동안 관리 노하우

"NO를 뒤집으면 ON이 됩니다. 안 된다는 생각이 실천으로 바뀌면 아줌마는 언제든지 여자로 아름다워질 수 있습니다."

붉은 석양이 황혼을 닮았다고 합니다. 중년에 도착해 보니, 40대 이후의 삶은 오히려 늦봄을 닮은 것 같습니다.

이른 저녁에 해는 거의 다 기운 듯하지만, 아직 세상은 밝아요. 파란 하늘에 핑크빛 석양이 섞여 물들기 시작한 초저녁으로 하루를 마감하기에는 아쉽지요. 오히려 핑크빛 석양은 중년처럼, 솜사탕 빛깔로 물든 멋진 하늘을 감상할 수 있는 시간대입니다. 금방 해가 질까 봐 조바심이 이는 골든타임의 순간이기도 하지요.

40대를 지나면서 일의 행복과 함께 세월의 무상함도 느낍니다. 할 일이 너무 많아 긴 하루를 살면서도 1년은 눈 깜짝할 사이 흐릅니다. 청춘이 엊그제 같았는데 거울 앞에서 몰라보게 변해 버린 얼굴을 마주할 땐 특히 더 애틋한 기분이 되곤 해요. 덩달아 시간의 귀중함도 알아가는 중입니다.

하루가 다르게 커가는 아이들을 볼 때 한없이 행복합니다. 하나둘 늘어가는 주름을 발견할 때면 여자로서 오늘이 너무 소중하게 느껴집니다. 그럴 때면 엄

AROCELL

마이자 주부로 살아가며 생각지 못했던 나 자신을 돌아보게 됩니다. 또 앞으로 남은 시간을 조금 더 아름답고 행복하게 살자는 다짐도 하곤 합니다.

행복한 중년으로 살고픈 저의 욕심 안에는 '아름다운 여자'의 이야기가 많이 녹아 들어 있습니다. 머리부터 발끝까지 센스 있는 뷰티 스타일링을 사랑하는 아줌마라고 해야 할까요?

평소에 홈케어는 세안 후 곰돌이 패드, 보토기 앰플, 슈퍼파워앰플, 슈퍼파워크림을 기본으로 팩 관리를 하고요. 그날그날 피부 상태에 따라 미백, 주름, 탄력, 수분 집중관리를 주 1~2회 정도 하고 있습니다.

특히 보습과 탄력 관리는 제가 더욱 공을 들이는 부분인데요. 잔주름이 생기기 쉬운 건성피부인데다 마흔 이후부터는 눈에 띄게 줄어드는 탄력을 직접 체감하고 있기 때문이죠.

40대 이후 피부는 집중적인 안티에이징 관리가 필수인 것 같아요. 피부 노화는 이미 20대 중·후반부터 진행된다고 하지만, 40대부터는 그 속도가 걷잡을 수 없이 빨라지잖아요. 하루만 못 자도 피부 상태가 달라지고 이젠 눈가나 입가가 슬슬 쳐지기 시작하더라고요.

그래서 주 1회씩은 '주름 및 탄력'에 좋은 화장품으로 집중관리를 하며 제 피부에 젊음을 채우고 있습니다. 확실한 안티에이징은 겉과 속을 동시에 잡아줘야 한다는 생각에 기초케어 제품부터 보톡스와 줄기세포배양액 성분 화장품을 사용하고 있어요.

### 재즈민의 탄력 & 주름 집중관리 홈케어 루틴

세안: ① 곰돌이패드 → ② 그래핀 에너지 마스크 → ③ 슈퍼 파워 넥크림 → ④ 아이 링클 솔루션 → ⑤ 피니쉬 밀키 드롭 앰플

평소보다 얼굴이 푸석푸석하고 탄력이 떨어져 보이면 저녁에 집중 안티에이징 관리를 합니다. 저의 관리 루틴은 위에 보시는 것처럼 5단계예요.

우선 세안 후 곰돌이 패드로 피부 노폐물 정돈 및 보습 관리를 하고요. 로션이나 앰플 대신 '갈바닉팩' 그래핀 에너징 마스크팩으로 15분 동안 피부 보습 및 진정, 영양관리를 더합니다.

이렇게 피부가 촉촉하고 맑아진 상태에서 슈퍼파워 넥크림을 넉넉히 덜어낸 후 목과 어깨에 바릅니다. 이때 손으로 크림을 흡수시키면서 귀 뒤쪽부터 옆목선, 쇄골라인, 어깨의 뭉친 부분을 마사지해요. 종일 긴장한 목과 어깨가 시원하게 풀리는 효과는 물론 림프가 순환되며 안색이 환해지는 효과도 기대할 수 있죠.

5분 정도 넥크림으로 목주름 관리를 마치면 갈바닉 아이크림 '아이링클 솔루션'으로 눈가 관리를 시작합니다. 피부가 얇고 피지선이 적어 건조한 눈가 주변은 주름이 쉽게 생기는 부위인 만큼 아이크림을 넉넉히, 자주 발라주는 게 좋아요.

아이링클솔루션은 보톡스의 주성분인 보툴리눔톡신 유래 성분과 수분 및 탄력 증진에 효과적인 꽃담배 추출물 펩타이드를 함유

한 주름 개선 및 미백 기능성 제품이에요. 촉촉하고 가벼운 수분 타입 아이크림이지만 굴곡진 부분까지 섬세한 링클케어를 도와주죠. 또한 미세전류 진동 디바이스가 부착되어 있어 기기관리 효과를 누릴 수 있습니다. 1분에 12,000번 진동하는 갈바닉 기기가 피부 속 깊은 곳까지 유효성분을 전달해 홈케어 효과에 시너지를 낼 수 있어요.

눈가 관리까지 마무리한 다음에는 '꿀잠앰플' 피니쉬 밀키 드롭 앰플을 얼굴 전체에 발라 주며 홈케어를 마무리합니다. 피니쉬 밀키 드롭 앰플은 용기에 부착된 스포이드로 한 방울만 '똑!' 덜어서 얼굴 전체에 얇게 발라주면 돼요. 발림성과 흡수력이 우수한 우윳빛 세럼은 바르는 순간 즉각적인 광채를 부여하며 생기 있는 얼굴을 연출해 줍니다.

이렇게 집중관리 하는 날은 약 30~40분 정도 오롯이 나만을 위한 시간을 갖게 됩니다. 그래서 혼자만의 시간이 필요할 때 집중케어를 하는 것 같아요. 조용한 음악을 틀어 놓고 밀린 생각도 정리하고 거울 속 나 자신과 만나는 시간을 가질 수 있어서 참 좋더라고요.

가족들을 위해, 내 아이를 위해, 일하느라 늘 바쁘게 지내고 계신가요? 사랑하는 사람들을 위해 열심히 사는 것도 좋지만, 가끔 한 번씩은 오롯이 '나 자신과의 시간'을 가져 보는 것도 좋을 것 같아요. 잠시 잠깐 나를 돌보는 관리가 나의 일상에 커다란 활력이 될 수 있어요.

중년에 아름다움은 속도가 아니라 끈기입니다. 우리 잠시 멈춰 쉬더라도 절대로 포기하지 말아요. 많은 주부님들과 삶과 뷰티에 대한 고민을 함께 나누고 싶은 중년의 아줌마 재즈민이었습니다.

# 단기속성 완성! 중년 홈케어!
# 중년 피부를 위한 '앰플' 활용법

"중년 이후 여자의 미모는 오랜 관리의 경험이 만든 지혜의 선물입니다."

중년의 여자에게 화장품은 오랜 친구 같습니다. 생각해 보면 기억나지 않은 어린시절부터 지금까지 저의 곁에는 늘 화장품이 함께 하고 있었어요. 피부의 기초를 다지는 스킨케어부터 예쁘게 꾸미는 메이크업까지, 여자로 살아온 제게 화장품은 중년이 된 지금까지도 일상의 일부입니다.

20대 무렵 기초 제품은 스킨, 로션만 사용했어요. 피부가 한창 좋았던 시기인 만큼 기초관리보다는 메이크업 제품에 관심이 더 많았죠. 30대까지도 스킨, 로션, 세럼(혹은 앰플)만 간단히 발랐습니다. 피부의 건조함이 심해졌지만 일과 육아에 쫓겨 특별히 피부 관리에 신경 쓸 겨를이 없었던 것 같아요.

40대가 되면서 저의 뷰티 관심사는 기초스킨케어 제품을 향하고 있습니다. 메이크업도 피부가 좋아야 예쁘게 잘 먹는다는 것을 불혹이 넘어서야 알았어요. 건조함에 화장이 들뜨고 각질이 도드라지는 얼굴을 보면서 '본연의 피부 건강'이 왜 중요한지 깨달았죠.

우선 건조한 피부 문제를 해결했어요. 세안 후에는 곰돌이 패드로 피부 노폐물과 각질을 제거하고 부족한 수분을 충분히 채워줬어요. 피부 세포의 생성과 탈락이 이루어지는 '턴 오버 주기'를 바로잡아 피부의 자체 재생력을 키워주기 위함이었죠.

토너 관리가 끝난 다음에는 로션이나 크림을 발라 피부 속 수분이 마르지 않도록 보습막을 씌워 줬습니다. 저는 선천적으로 건성피부라 피부 당김이 심한 편이데요. 이런 건조함이 지속되면 잔주름과 피부 탄력 저하의 원인이 된다고 하더라고요. 때문에 아무리 바쁘고 피곤해도 토너 관리와 수분크림은 정말 꾸준히 사용했던 것 같아요.

마흔 이후 달라진 피부 관리의 '포인트'를 꼽자면 바로 '앰플'입니다. 마흔 이전까지도 스킨과 로션(토너와 크림)은 꾸준히 사용했어요. 30대부터는 세럼이나 앰플을 하나씩 바르기도 했죠. 하지만 40대 이후부터는 1~3가지 고기능성 앰플을 '따로 또 같이' 활용하며 피부의 재생과 회복을 끌어 올리고 있습니다.

평소 제가 사용하는 앰플은 아로셀의 보톡스 앰플 '보툴케어 이엑스 키트'와 연어주사 앰플 '리버스 케어 키트', 회춘 줄기세포앰플 '슈퍼파워앰플' 3가지입니다.

그날그날 피부 상태에 따라 다르지만 대부분 기초스킨케어 단계에서는 2중 앰플 케어를 합니다. 주로 아침에는 보톡스앰플 위에 연어앰플을 덧바르고, 저녁에는 보톡스앰플 위에 슈퍼파워앰플을 덧바르는 편이에요.

보툴케어 이엑스 키트는 보톡스 성분이 피부 속 깊이 흡수되어 피부 세포를 쫀쫀하게 잡아주는 속탄력 및 모공 수렴에 좋은 제품이에요. 보톡스의 주성분인 보툴리눔 성분이 피부 속 세포 사이를 이동하며 작용하는 앰플인만큼 사용해보면 피부 안쪽부터 팽팽하게 당기는 느낌을 주는 강력한 효과를 느낄 수 있죠.

때문인지 속에서 느껴지는 팽팽한 탄력감을 '건조하다'라고 느끼는 날도 있는 것 같아요. 이런 경우에는 연어 PDRN 성분을 함유한 리버스 케어 키트를 덧발라 줍니다. 앞서 바른 보톡스 앰플이 흡수되면서 열어준 길을 따라 리버스 케어 키트의 재생 및 탄력 성분이 흡수됩니다. 속당김은 상쇄시키고 피부의 재생력은 높여주는 '찰떡궁합' 시너지 효과를 기대할 수 있어요.

평소보다 피부 탄력이 떨어져 보이거나 집중적인 다운에이징 케어가 필요한 날은 마지막 앰플 관리 마지막 단계에서 줄기세포앰플 '슈퍼파워앰플'을 발라 줍니다. 제대혈에서 추출한 줄기세포배양액을 동결건조 기술로 보존한 앰플은 '회춘단백질'이라 불리는 GDF-11을 비롯한 89가지 성인인자 단백질 성분을 함유하고 있어서 중년 피부에 필요한 '종합관리'가 가능하거든요.

이러한 저만의 앰플 관리 노하우는 오랜 기간 3종의 앰플을 사용하면서 발견한 저의 살아있는 경험의 총체예요. 똑같은 화장품도 바르는 순서나 핸들링 방법에 따라 조금씩 효과가 달라지잖아요. 장기간 앰플을 사용하다 보니 각각의 앰플이 지닌 고유의 기능을 하나씩 누리는 것도 좋지만 더 빠르고 확실한 효과를 기대하게 되더라고요.

'1회 관리로 중년 피부 관리 효과를 최대한 이끌어 낼 수 있는 방법이 없을까?' 고민을 많이 했습니다. 앰플을 바르는 순서를 바꾸고 앰플 조합을 바꿔 가며 오랜 시간 저와 엄마 그리고 지인들, 드프랑 식구들까지 피부 테스팅을

해봤어요. 그리고 오늘에서야 비로소! 최대 효과를 안겨주는 저만의 앰플 3종 관리법을 소개할 수 있게 됐네요.

모든 관리가 그렇듯 홈케어도 과정보다 결과가 중요해요. 특히 노화로 고민하는 중년 이후 피부는 더 강력하고 확실한 효과를 안겨주는 화장품이 최고로 '좋은 화장품'이잖아요. 그 좋은 화장품을 더 좋게 사용하는 '과정'을 연구하고 함께 나누는 것이 저만의 행복인 것 같아요.

진정한 아름다움을 알아가는 나이가 '중년'이라고 생각해요. 그 중년의 시작과 끝을 함께 하는 중년만을 위한 뷰티 상담사로 함께 하고 싶은 재즈민입니다. 이 아름다운 중년 '여정'의 동행을 위해 더 확실한 중년 뷰티케어의 길을 연구하며 부지런히 관리하는 대한민국 중년 아줌마가 되어 보렵니다.

| 에필로그 |

# 아름다운 날갯짓, 중년 아줌마에서 여자로! 제2의 인생을 꿈꾸다

"평범한 일상이 쌓여 영화 같은 삶이 되고,
작은 홈케어 습관의 변화가 드라마틱한 피부 변신의 시작이 됩니다"

누구에게나 삶은 소중합니다. 누구나 삶은 단 한 번뿐이고, 지나간 시간은 되돌릴 수 없기 때문인 것 같아요. 시간은 누구에게나 공평해서 결코 '다시 한번'을 허락하지 않죠. 시간을 되돌릴 수 있다면, 중년 아줌마의 삶을 향한 애착이 이토록 간절하지는 않았을 것 같아요.

어린 새싹 같은 유년기를 지나 꽃 같았던 청춘을 경험하며 어느덧 불혹의 중턱에 다다랐네요. 40년 넘게 살았지만 매일 다가오는 오늘의 삶은 언제나 설레지만 낯설기도 합니다. 저에게도 오늘이, 제 생애 첫 경험이라 예측 불가의 모험이고 도전인 것 같아요.

무엇을 하든 아직 잘 모르는 것이 더 많고, 자주 막연한 기분이 듭니다. 마음은 아직 세상살이가 무엇인지 알지 못하는 '청춘'인데, 야속한 세월은 속절없이 흘러 조금씩 주름만 늘어 버렸어요. 무모할 만큼 열심히 앞만 보며 살았고 이제 와서 '정겨운 사람살이를 조금 알겠다.' 하니 중년이라네요. 이것이 어른의 무게인가 봅니다.

우리는 태어난 순간 온 가족의 축복과 관심을 받아요. 존재 자체가 아름답게 빛났던 그땐 그게 얼마나 큰 행복인지 모르고 살았잖아요. 어른이 된다는 것은 엄마로부터 조건 없는 사랑을 받는 존재에서, 반대로 사랑을 주는 존재가 되는 것이 아닐까 싶기도 해요.

나의 가족, 나의 아이들이 우선하며 나도 모르게 30대를 보냈고, 이젠 한걸음 뒤로 물러날 준비를 하며 약간은 서글프게 40대를 맞이했던 것 같아요. 그리고 이제 다시 한번 '나'로 돌아갈 꿈을 꾸며, 제2의 인생을 준비하고 있답니다.

삶의 속도에 맞춰 나잇값을 하며, 엄마가 슈퍼우먼인 줄 아는 두 아이들에게 더 멋진 여자로 당당히 살아갈 저 자신의 중년은 어떤 모습일까요? 이미 마흔의 중턱에 다다랐지만 아직도 그 답은 잘 모르겠어요. 하지만 저의 삶에 가족과 일만큼 소중한 것이 '저 자신'이라는 것도 조금은 알 것 같아요.

아이들이 저의 둥지를 떠나고 평온한 일상이 무력함으로 여겨질 때, 거울 속에 저 자신을 통해 삶의 행복을 느끼고 스스로 즐거울 수 있는 그런 여자가 되고 싶어요.

당당한 중년으로 거듭나기 위한 저의 첫 번째 노력이 바로 '나를 사랑하는 연습'인 것 같아요. 현실에 쫓겨 잊고 지냈던 나를 돌보며, 그동안 잊고 지낸 작고 소소한 행복을 느끼고 때론 설레고, 때론 기뻐하며 '소녀 아이의 마음'을 되찾고 싶습니다.

풋사과 같은 초년, 뜨거운 여름 같았던 청년 시절은 이제 돌아오지 않을 그리움이죠. 이젠 온화한 가을 같은 중년을 살며, 서서히 저물어갈 제 남은 인생의 행복을 굳세게 준비할 때인 것 같아요. 그래서 남은 중년, 노년의 행복을 위해 날마다 부지런히 홈케어를 하고, 더 열정적으로 움직이고 있습니다.

마음의 여유를 가진 중년부터 넉넉함을 지닌 노년까지…, 아름답고 멋진 여자로 살고 싶은 저의 꿈에 함께해 주셔서 진심으로 감사드립니다.